大黄鱼"甬岱1号"

团头鲂"浦江2号"

中国对虾"黄海4号"

缢蛏"甬乐1号"

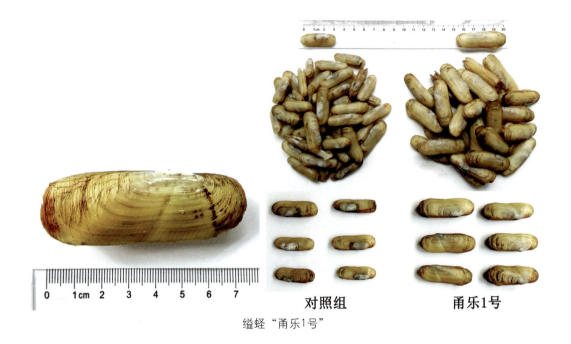

对照组　　甬乐1号

熊本牡蛎"华海1号"

长牡蛎"鲁益1号"

长牡蛎"海蛎1号"

三角帆蚌"浙白1号"

池蝶蚌"鄱珠1号"

坛紫菜"闽丰2号"

中华鳖"珠水1号"

杂交鲂鲌"皖江1号"

罗非鱼"粤闽1号"

翘嘴鲌"全雌1号"

2020 水产新品种推广指南

2020 SHUICHAN XINPINZHONG TUIGUANG ZHINAN

全国水产技术推广总站 编

中国农业出版社
北 京

图书在版编目（CIP）数据

2020水产新品种推广指南/全国水产技术推广总站编.—北京：中国农业出版社，2020.12
ISBN 978-7-109-27637-6

Ⅰ.①2… Ⅱ.①全… Ⅲ.①水产养殖-指南 Ⅳ.①S96-62

中国版本图书馆 CIP 数据核字（2020）第 250866 号

中国农业出版社出版
地址：北京市朝阳区麦子店街18号楼
邮编：100125
责任编辑：王金环　文字编辑：蔺雅婷
版式设计：王　晨　责任校对：赵　硕
印刷：中农印务有限公司
版次：2020年12月第1版
印次：2020年12月北京第1次印刷
发行：新华书店北京发行所
开本：710mm×1000mm　1/16
印张：11　插页：2
字数：195千字
定价：58.00元

版权所有·侵权必究
凡购买本社图书，如有印装质量问题，我社负责调换。
服务电话：010-59195115　010-59194918

《2020 水产新品种推广指南》
编 委 会

主　　任：崔利锋

副 主 任：胡红浪

主　　编：王建波

副 主 编：韩　枫　郑圆圆

编审人员：（按姓氏笔画排序）

王永杰　王建波　冯启超　朱健祥

朱新平　刘莎莎　孙广伟　李　莉

李　健　杨建敏　吴雄飞　邹曙明

张根芳　陈昌生　林志华　郑圆圆

洪一江　顾志敏　郭聪颖　曹建萌

韩　枫　喻子牛

前 言

2020年8月20日，农业农村部第324号公告公布了第六届全国水产原种和良种审定委员会第二次会议审议通过的14个水产新品种。为促进这些新品种在水产养殖生产中的推广应用，我们组织相关单位的苗种培育和养殖技术专家编写了本书。

本书重点介绍了新品种的培育过程、品种特性、人工繁殖及养殖技术等，提供了种苗供应单位信息，可供水产科研、推广、养殖技术人员和养殖生产者参考。

需要说明的是，水产新品种不适宜进行人工增殖放流，须在人工可控的环境下养殖。

本书的编写得到了新品种培育单位育种科技人员的大力支持，在此表示衷心感谢！因编者水平有限，书中不妥之处，敬请广大读者批评指正。

编 者
2020年9月

目 录

前言

中华人民共和国农业农村部公告 ·················· 1

大黄鱼"甬岱1号" ·················· 8
一、品种概况 ·················· 8
（一）培育背景 ·················· 8
（二）育种过程 ·················· 9
（三）品种特性和中试情况 ·················· 10
二、人工繁殖技术 ·················· 12
（一）亲本选择与培育 ·················· 12
（二）人工繁殖 ·················· 12
（三）苗种培育 ·················· 13
三、健康养殖技术 ·················· 14
（一）健康养殖模式和配套技术 ·················· 14
（二）主要病害防治方法 ·················· 16
四、育种和种苗供应单位 ·················· 18
（一）育种单位 ·················· 18
（二）种苗供应单位 ·················· 19
五、编写人员名单 ·················· 19

团头鲂"浦江2号" ·················· 20
一、品种概况 ·················· 20
（一）培育背景 ·················· 20
（二）育种过程 ·················· 20
（三）品种特性和中试情况 ·················· 23
二、人工繁殖技术 ·················· 24

· 1 ·

         (一) 亲本选择与培育 ……………………………………… 24
         (二) 人工繁殖 …………………………………………… 25
         (三) 苗种培育 …………………………………………… 26
     三、健康养殖技术 ………………………………………………… 27
         (一) 健康养殖（生态养殖）模式和配套技术 …………… 27
         (二) 主要病害防治方法 ………………………………… 29
     四、育种和种苗供应单位 ………………………………………… 32
         (一) 育种单位 …………………………………………… 32
         (二) 种苗供应单位 ……………………………………… 32
     五、编写人员名单 ………………………………………………… 32

中国对虾"黄海4号" ……………………………………………… 33
     一、品种概况 ……………………………………………………… 33
         (一) 培育背景 …………………………………………… 33
         (二) 育种过程 …………………………………………… 33
         (三) 品种特性和中试情况 ……………………………… 35
     二、人工繁殖技术 ………………………………………………… 36
         (一) 亲本选择与培育 …………………………………… 36
         (二) 人工繁殖 …………………………………………… 37
         (三) 苗种培育 …………………………………………… 37
     三、健康养殖技术 ………………………………………………… 38
         (一) 海水池塘生态养殖模式和配套技术 ……………… 38
         (二) 主要病害防治方法 ………………………………… 40
     四、育种和种苗供应单位 ………………………………………… 42
         (一) 育种单位 …………………………………………… 42
         (二) 种苗供应单位 ……………………………………… 42
     五、编写人员名单 ………………………………………………… 42

缢蛏"甬乐1号" …………………………………………………… 43
     一、品种概况 ……………………………………………………… 43
         (一) 培育背景 …………………………………………… 43
         (二) 育种过程 …………………………………………… 43
         (三) 品种特性和中试情况 ……………………………… 45
     二、人工繁殖技术 ………………………………………………… 48
         (一) 亲本选择与培育 …………………………………… 48
         (二) 人工繁殖 …………………………………………… 49
         (三) 苗种培育 …………………………………………… 49

三、健康养殖技术 ········· 51
  （一）健康养殖（生态养殖）模式和配套技术 ········· 51
  （二）主要病害防治方法 ········· 53
四、育种和种苗供应单位 ········· 54
  （一）育种单位 ········· 54
  （二）种苗供应单位 ········· 54
五、编写人员名单 ········· 55

熊本牡蛎"华海1号" ········· 56
一、品种概况 ········· 56
  （一）培育背景 ········· 56
  （二）育种过程 ········· 56
  （三）品种特性和中试情况 ········· 58
二、人工繁殖技术 ········· 60
  （一）亲本选择与培育 ········· 60
  （二）人工繁殖 ········· 60
  （三）苗种培育 ········· 61
三、健康养殖技术 ········· 62
  （一）健康养殖（生态养殖）模式和配套技术 ········· 62
  （二）主要病害防治方法 ········· 66
四、育种和种苗供应单位 ········· 66
  （一）育种单位 ········· 66
  （二）种苗供应单位 ········· 66
五、编写人员名单 ········· 67

长牡蛎"鲁益1号" ········· 68
一、品种概况 ········· 68
  （一）培育背景 ········· 68
  （二）育种过程 ········· 68
  （三）小试与中试养殖 ········· 77
二、人工繁殖技术 ········· 79
  （一）亲本选择与培育 ········· 79
  （二）人工繁殖 ········· 80
  （三）苗种培育 ········· 81
三、健康养殖技术 ········· 82
  （一）健康养殖模式和配套技术 ········· 82
  （二）主要病害防治方法 ········· 85

四、育种和种苗供应单位 85
　　（一）育种单位 85
　　（二）种苗供应单位 86
五、编写人员名单 86

长牡蛎"海蛎1号" 87

一、品种概况 87
　　（一）培育背景 87
　　（二）育种过程 87
　　（三）品种特性和中试情况 88
二、人工繁殖技术 89
　　（一）亲本选择与培育 89
　　（二）人工繁殖 90
　　（三）苗种培育 90
三、健康养殖技术 91
　　（一）健康养殖（生态养殖）模式和配套技术 91
　　（二）主要病害防治方法 93
四、育种和种苗供应单位 94
　　（一）育种单位 94
　　（二）种苗供应单位 95
五、编写人员名单 95

三角帆蚌"浙白1号" 96

一、品种概况 96
　　（一）培育背景 96
　　（二）育种过程 96
　　（三）品种特性和中试情况 97
二、人工繁殖技术 99
　　（一）亲本选择与培育 99
　　（二）人工繁殖 99
　　（三）苗种培育 100
三、育珠手术操作 101
四、健康养殖技术 101
　　（一）养殖模式 101
　　（二）主要病害防治方法 101
五、育种和种苗供应单位 102
　　（一）育种单位 102

（二）种苗供应单位 …………………………………………… 102
　六、编写人员名单 ………………………………………………… 103

池蝶蚌"鄱珠1号" 104

一、品种概况 104
　　（一）培育背景 …………………………………………………… 104
　　（二）育种过程 …………………………………………………… 104
　　（三）品种特性和中试情况 ……………………………………… 105
二、人工繁殖技术 106
　　（一）亲本选择与培育 …………………………………………… 106
　　（二）人工繁殖 …………………………………………………… 106
　　（三）苗种培育 …………………………………………………… 107
三、健康养殖技术 108
　　（一）健康养殖（生态养殖）模式和配套技术 ………………… 108
　　（二）主要病害防治方法 ………………………………………… 109
四、育种和种苗供应单位 109
　　（一）育种单位 …………………………………………………… 109
　　（二）种苗供应单位 ……………………………………………… 109
五、编写人员名单 110

坛紫菜"闽丰2号" 111

一、品种概况 111
　　（一）培育背景 …………………………………………………… 111
　　（二）育种过程 …………………………………………………… 112
　　（三）品种特性和中试情况 ……………………………………… 114
二、人工繁殖技术 118
　　（一）亲本选择与培育 …………………………………………… 118
　　（二）人工繁殖 …………………………………………………… 118
　　（三）苗种培育 …………………………………………………… 119
三、健康养殖技术 121
　　（一）健康养殖（生态养殖）模式和配套技术 ………………… 121
　　（二）主要病害防治方法 ………………………………………… 122
四、育种和种苗供应单位 123
　　（一）育种单位 …………………………………………………… 123
　　（二）种苗供应单位 ……………………………………………… 123
五、编写人员名单 124

中华鳖"珠水1号" ... 125

一、品种概况 ... 125
（一）培育背景 ... 125
（二）育种过程 ... 126
（三）品种特性和中试情况 ... 127

二、人工繁殖技术 ... 128
（一）亲本选择与培育 ... 128
（二）人工繁殖 ... 129
（三）苗种培育 ... 130

三、健康养殖技术 ... 131
（一）健康养殖模式和配套技术 ... 131
（二）主要病害防治方法 ... 134

四、育种和种苗供应单位 ... 135
（一）育种单位 ... 135
（二）种苗供应单位 ... 135

五、编写人员名单 ... 135

杂交鲌鲏"皖江1号" ... 136

一、品种概况 ... 136
（一）选育背景 ... 136
（二）育种过程 ... 136
（三）品种特性和中试情况 ... 138

二、人工繁殖技术 ... 139
（一）亲本选择与培育 ... 139
（二）人工繁殖 ... 139
（三）苗种培育 ... 140

三、健康养殖技术 ... 141
（一）健康养殖（生态养殖）模式和配套技术 ... 141
（二）主要病害防治方法 ... 143

四、育种和种苗供应单位 ... 144
（一）育种单位 ... 144
（二）种苗供应单位 ... 144

五、编写人员名单 ... 144

罗非鱼"粤闽1号" ... 145

一、品种概况 ... 145

（一）培育背景 ··· 145
　　（二）育种过程 ··· 145
　　（三）品种特性和中试情况 ··· 148
二、人工繁殖技术 ··· 149
　　（一）亲本选择与培育 ·· 149
　　（二）人工繁殖 ··· 150
　　（三）苗种培育 ··· 150
三、健康养殖技术 ··· 151
　　（一）健康养殖（生态养殖）模式和配套技术 ················ 151
　　（二）主要病害防治方法 ··· 152
四、育种和种苗供应单位 ·· 153
　　（一）育种单位 ··· 153
　　（二）种苗供应单位 ··· 153
五、编写人员名单 ··· 153

翘嘴鲌"全雌1号"　154

一、品种概况 ·· 154
　　（一）培育背景 ··· 154
　　（二）育种过程 ··· 154
　　（三）品种特性和中试情况 ·· 156
二、人工繁殖技术 ··· 158
　　（一）亲本选择与培育 ·· 158
　　（二）人工繁殖 ··· 158
　　（三）苗种培育 ··· 159
三、健康养殖技术 ··· 160
　　（一）健康养殖（生态养殖）模式和配套技术 ················ 160
　　（二）主要病害防治方法 ··· 161
四、育种和种苗供应单位 ·· 162
　　（一）育种单位 ··· 162
　　（二）种苗供应单位 ··· 162
五、编写人员名单 ··· 162

中华人民共和国农业农村部公告 第 324 号

大黄鱼"甬岱1号"等14个水产新品种，业经全国水产原种和良种审定委员会审定通过，且公示期满无异议。根据《中华人民共和国渔业法》有关规定，现予公告。

附件：1. 2020 年审定通过的水产新品种
　　　2. 水产新品种简介

农业农村部
2020 年 8 月 20 日

附件 1

2020 年审定通过的水产新品种

序号	品种登记号	品种名称	育种单位
1	GS-01-001-2020	大黄鱼"甬岱1号"	宁波市海洋与渔业研究院、宁波大学、象山港湾水产苗种有限公司
2	GS-01-002-2020	团头鲂"浦江2号"	上海海洋大学、上海淀原水产良种场
3	GS-01-003-2020	中国对虾"黄海4号"	中国水产科学研究院黄海水产研究所、昌邑市海丰水产养殖有限责任公司、日照海辰水产有限公司
4	GS-01-004-2020	缢蛏"甬乐1号"	浙江万里学院、浙江万里学院宁海海洋生物种业研究院
5	GS-01-005-2020	熊本牡蛎"华海1号"	中国科学院南海海洋研究所、广西阿蚌丁海产科技有限公司
6	GS-01-006-2020	长牡蛎"鲁益1号"	鲁东大学、山东省海洋资源与环境研究院、烟台海益苗业有限公司、烟台市崆峒岛实业有限公司
7	GS-01-007-2020	长牡蛎"海蛎1号"	中国科学院海洋研究所

(续)

序号	品种登记号	品种名称	育种单位
8	GS-01-008-2020	三角帆蚌"浙白1号"	金华职业技术学院、金华市威旺养殖新技术有限公司
9	GS-01-009-2020	池蝶蚌"鄱珠1号"	南昌大学、抚州市水产科学研究所
10	GS-01-010-2020	坛紫菜"闽丰2号"	集美大学
11	GS-01-011-2020	中华鳖"珠水1号"	中国水产科学研究院珠江水产研究所、广东绿卡实业有限公司
12	GS-02-001-2020	杂交鲌"皖江1号"	安庆市皖宜季牛水产养殖有限责任公司、安徽省农业科学院水产研究所、上海海洋大学
13	GS-04-001-2020	罗非鱼"粤闽1号"	中国水产科学研究院珠江水产研究所、福建百汇盛源水产种业有限公司
14	GS-04-002-2020	翘嘴鲌"全雌1号"	浙江省淡水水产研究所

附件2

水产新品种简介

一、水产新品种登记说明

全国水产原种和良种审定委员会审定通过的水产新品种登记号说明如下：

（一）"G"为"国"的第一个拼音字母，"S"为"审"的第一个拼音字母，表示国家审定通过的新品种。

（二）"01""02""03""04"分别表示选育、杂交、引进和其他类品种。

（三）"001""002"……为品种顺序号。

（四）"2020"为审定通过的年份。

如："GS-01-001-2020"为大黄鱼"甬岱1号"的品种登记号，表示2020年通过国家审定的排序为1号的选育品种。

二、水产新品种简介

（一）大黄鱼"甬岱1号"

水产新品种登记号：GS-01-001-2020

亲本来源：大黄鱼岱衢洋野生群体

育种单位：宁波市海洋与渔业研究院、宁波大学、象山港湾水产苗种有限公司

简介：该品种是以2007年从岱衢洋采捕的野生大黄鱼为基础群体，以生

长速度和体形为目标性状，采用群体选育技术，经连续5代选育而成。在相同养殖条件下，与未经选育的大黄鱼相比，21月龄生长速度平均提高16.4%；与普通养殖大黄鱼相比，体高/体长、体长/尾柄长和尾柄长/尾柄高等体形参数存在显著差异，体形显匀称细长。适宜在浙江和福建沿海人工可控的海水水体中养殖。

（二）团头鲂"浦江2号"

水产新品种登记号：GS-01-002-2020
亲本来源：团头鲂鄱阳湖野生群体
育种单位：上海海洋大学、上海淀原水产良种场
简介：该品种是以2006年从江西鄱阳湖采捕的1498尾野生团头鲂为基础群体，以生长速度为目标性状，采用群体选育技术，辅以低氧胁迫技术，经连续4代选育而成。在相同养殖条件下，与未经选育的团头鲂相比，1龄鱼生长速度平均提高38.0%，2龄鱼生长速度平均提高34.0%；与"浦江1号"相比，1龄鱼生长速度平均提高18.6%，2龄鱼生长速度平均提高18.1%，具有一定的耐低氧能力。适宜在我国团头鲂主产区人工可控的淡水水体中养殖。

（三）中国对虾"黄海4号"

水产新品种登记号：GS-01-003-2020
亲本来源：中国对虾"黄海1号"和中国对虾"黄海3号"选育群体
育种单位：中国水产科学研究院黄海水产研究所、昌邑市海丰水产养殖有限责任公司、日照海辰水产有限公司
简介：该品种是以2011年从中国对虾"黄海1号"和中国对虾"黄海3号"选育群体中挑选出的9600尾交尾亲虾为基础群体，以耐高pH和收获体重为目标性状，采用群体选育技术，经连续5代选育而成。与中国对虾"黄海1号"和"黄海3号"相比，高pH（9.2）胁迫72小时仔虾成活率分别平均提高32.2%和16.3%；在相同养殖条件下，收获体重分别平均提高5.1%和10.7%，成活率分别平均提高20.3%和13.6%。适宜在我国长江以北人工可控的海水水体中养殖。

（四）缢蛏"甬乐1号"

水产新品种登记号：GS-01-004-2020
亲本来源：缢蛏福建长乐野生群体
育种单位：浙江万里学院、浙江万里学院宁海海洋生物种业研究院
简介：该品种是以2012年从福建长乐野生缢蛏群体中收集挑选的1000

粒大个体为基础群体,以生长速度和耐低盐为目标性状,采用群体选育技术,经连续 4 代选育而成。在相同养殖条件下,与未经选育的缢蛏相比,9 月龄、14 月龄贝生长速度分别平均提高 68.1% 和 44.0%,低盐 3.0 胁迫 72 小时成活率平均提高 27.6%。适宜在浙江、福建、江苏等沿海人工可控的泥质滩涂和池塘中养殖。

(五)熊本牡蛎"华海 1 号"

水产新品种登记号:GS-01-005-2020
亲本来源:熊本牡蛎广东湛江野生群体
育种单位:中国科学院南海海洋研究所、广西阿蚌丁海产科技有限公司

简介:该品种是以 2012 年从广东湛江野生熊本牡蛎群体中收集的 3 000 只个体为基础群体,以壳高和体重为目标性状,采用群体选育技术,经连续 4 代选育而成。在相同养殖条件下,与未经选育的熊本牡蛎相比,1 龄商品贝壳高平均提高 15.6%,体重平均提高 30.8%,左壳(凹壳)具有多条明显的放射嵴。适宜在我国广东、广西、福建等华南沿海人工可控的海域中养殖。

(六)长牡蛎"鲁益 1 号"

水产新品种登记号:GS-01-006-2020
亲本来源:长牡蛎山东烟台、威海和日照野生群体
育种单位:鲁东大学、山东省海洋资源与环境研究院、烟台海益苗业有限公司、烟台市崆峒岛实业有限公司

简介:该品种是以 2010 年从山东烟台、威海和日照三个海域收集的野生长牡蛎 3 000 只个体为基础群体,以糖原含量为目标性状,采用家系选育技术,辅以近红外(Near Infrared, NIR)光谱分析技术,经连续 4 代选育而成。在相同养殖条件下,与未经选育的长牡蛎相比,1 龄商品贝软体组织糖原含量(干样)平均提高 19.3%。适宜在黄渤海牡蛎主产区人工可控的海水水体中养殖。

(七)长牡蛎"海蛎 1 号"

水产新品种登记号:GS-01-007-2020
亲本来源:长牡蛎河北乐亭野生群体
育种单位:中国科学院海洋研究所

简介:该品种是以 2010 年从河北乐亭长牡蛎野生群体中采集的 1 000 只个体为基础群体,以糖原含量为目标性状,采用家系选育和基因模块辅助选育技术,经连续 4 代选育而成。在相同养殖条件下,与未经选育的长牡蛎相比,

1龄商品贝软体组织糖原含量（干样）平均提高25.4%，生长速度保持不变。适宜在黄渤海牡蛎主产区人工可控的海水水体中养殖。

（八）三角帆蚌"浙白1号"

水产新品种登记号：GS-01-008-2020

亲本来源：三角帆蚌养殖群体

育种单位：金华职业技术学院、金华市威旺养殖新技术有限公司

简介：该品种是以2002年从浙江义乌三角帆蚌养殖群体中收集挑选的2 000只个体为基础群体，以贝壳珍珠层颜色纯白色为目标性状，采用群体选育技术，经连续5代选育而成。在相同养殖条件下，与普通养殖的三角帆蚌相比，珍珠层颜色纯白色个体比例达92.0%，以此为制片蚌所育白色珍珠比例平均提高47.3%。适宜在我国淡水珍珠养殖主产区人工可控的水体中养殖。

（九）池蝶蚌"鄱珠1号"

水产新品种登记号：GS-01-009-2020

亲本来源：池蝶蚌日本琵琶湖引进群体

育种单位：南昌大学、抚州市水产科学研究所

简介：该品种是以1997年从日本琵琶湖引进的池蝶蚌108只个体为基础群体，以壳宽为目标性状，采用群体选育技术，经连续6代选育而成。在相同养殖条件下，与池蝶蚌引进群体相比，4龄蚌壳宽平均提高25.4%，壳宽与壳长比平均提高17.8%；与池蝶蚌引进群体子一代相比，单蚌有核珍珠培育产量平均提高58.1%，优质珠比例平均提高35.8%；培育直径10毫米以上圆形无核珍珠比例平均提高1.92倍。适宜在我国淡水珍珠主产区人工可控的水体中养殖。

（十）坛紫菜"闽丰2号"

水产新品种登记号：GS-01-010-2020

亲本来源：坛紫菜野生纯系和诱变选育纯系

育种单位：集美大学

简介：该品种是以2001年从福建平潭岛采集的野生坛紫菜中经细胞工程技术提纯培养获得的野生纯系为母本，以2000年从平潭岛采集的野生坛紫菜中经^{60}Co-γ射线辐照选育获得的诱变选育纯系为父本，杂交后获得的子一代群体为基础群体，以生长速度和品质为目标性状，采用群体选育技术，辅以细胞工程技术，经连续4代选育而成。在相同的栽培条件下，与未经选育的坛紫菜相比，生长速度平均提高25.0%，粗蛋白含量提高35.6%、色素蛋白含量

提高100.8%、4种呈味氨基酸含量提高76.0%，耐高温能力强，可在30℃水温下正常生长不腐烂；与坛紫菜"闽丰1号"相比，生长速度相当，粗蛋白含量提高20.4%，4种呈味氨基酸含量提高14.8%。叶状体成熟时易发育形成果孢子囊，方便规模化制种。适宜在福建、广东、江苏和山东等沿海人工可控海水水体中栽培。

（十一）中华鳖"珠水1号"

水产新品种登记号：GS-01-011-2020

亲本来源：中华鳖洞庭湖水系野生群体

育种单位：中国水产科学研究院珠江水产研究所、广东绿卡实业有限公司

简介：该品种是以1992—1993年从湖南常德收集挑选的洞庭湖水系野生中华鳖2.1万只个体为基础群体，以生长速度为目标性状，采用群体选育技术，经连续5代选育而成。在相同养殖条件下，与当地未经选育的中华鳖相比，生长速度平均提高12.3%，裙边宽度有所提高。适宜在广东、广西、江西等长江以南地区人工可控的淡水水体中养殖。

（十二）杂交鲂鲌"皖江1号"

水产新品种登记号：GS-02-001-2020

亲本来源：(翘嘴鲌♂×团头鲂"浦江1号"♀)♀×翘嘴鲌♂

育种单位：安庆市皖宜季牛水产养殖有限责任公司、安徽省农业科学院水产研究所、上海海洋大学

简介：该品种是以2000年从长江水系皖河段采捕并经连续4代选育的翘嘴鲌子代（♂）和2012年从上海海洋大学试验基地引进的团头鲂"浦江1号"（♀）杂交获得的子一代为母本，以上述经连续4代选育的翘嘴鲌子代为父本，杂交获得F_1，即杂交鲂鲌"皖江1号"。体形偏向翘嘴鲌。在相同养殖环境及投喂粗蛋白含量为32%的配合饲料条件下，2龄鱼生长速度较父本翘嘴鲌平均提高37.1%，较团头鲂"浦江1号"平均提高18.4%。仅能在人工可控的淡水水体中养殖，且要严防逃逸。

（十三）罗非鱼"粤闽1号"

水产新品种登记号：GS-04-001-2020

亲本来源：尼罗罗非鱼（XX）♀×超雄罗非鱼（YY_a型）♂

育种单位：中国水产科学研究院珠江水产研究所、福建百汇盛源水产种业有限公司

简介：该品种是以2008年从厦门罗非鱼良种场引进并经连续5代群体选

育的尼罗罗非鱼雌鱼（XX）为母本，以2008年从厦门罗非鱼良种场引进的奥利亚罗非鱼经连续3代选育的雌鱼（ZW）与通过遗传性别控制技术获得的染色体为YY型的超雄尼罗罗非鱼杂交、再与其回交获得的YY_a型超雄罗非鱼为父本，经交配后获得的F_1，即罗非鱼"粤闽1号"。与尼罗罗非鱼"鹭雄1号"相比，雄性率（98.3%）相当，超雄父本制种更容易，利于规模化生产。在相同养殖条件下，与吉富罗非鱼相比，6月龄生长速度平均提高23.8%。适宜在我国罗非鱼主产区人工可控的淡水水体中养殖。

（十四）翘嘴鲌"全雌1号"

水产新品种登记号：GS-04-002-2020

亲本来源：翘嘴鲌太湖湖州段野生群体

育种单位：浙江省淡水水产研究所

简介：该品种是以2004年从太湖湖州段采捕后经以生长速度为目标性状的2代群体选育和2代异源雌核发育的翘嘴鲌子代为母本（XX），以性别控制技术诱导雌核发育翘嘴鲌子代获得的生理雄鱼（XX'）为父本，经交配繁殖获得F_1，即翘嘴鲌"全雌1号"。在相同养殖条件下，与未经选育的翘嘴鲌相比，18月龄鱼生长速度平均提高17.0%；雌性率较高，平均雌性率为99.8%。适宜在我国翘嘴鲌主产区人工可控的淡水水体中养殖。

大黄鱼"甬岱1号"

一、品种概况

(一) 培育背景

大黄鱼（*Larimichthys crocea*）是一种高值美味、群众十分喜爱的海产鱼类，是我国传统四大海洋经济鱼类之一，有"海水国鱼"的美名。由于酷渔滥捕，资源衰竭，海洋捕捞已不能形成渔汛，20世纪80年代以来，随着人工规模化育苗与养殖技术的突破，大黄鱼海水网箱养殖发展迅速，已形成年育苗量超30亿尾、养殖产量达19.798万吨（2018年）的产业。大黄鱼已成为我国第一大海水养殖鱼类。随着产业的快速发展，大黄鱼养殖因种质退化、养殖方式不良和养殖环境恶化等原因导致生长速度减慢、病害频发、体形变短、肉质鲜味差等，影响商品鱼品质和养殖效益。针对产业发展对良种的迫切需求，21世纪初以来，国内多家单位开展了大黄鱼的良种选育和新品种培育工作，先后培育出大黄鱼"闽优1号"（集美大学，2011）和大黄鱼"东海1号"（宁波大学，2013）等新品种，但还远不能满足产业快速发展对大黄鱼良种的需求。

大黄鱼因其地理分布的不同，可分为"闽粤东族"和"岱衢族"大黄鱼等地理种群，目前我国养殖的大黄鱼主要是"闽粤东族"大黄鱼。分布于浙北舟山岱衢洋渔场"岱衢族"大黄鱼是历史上东海大黄鱼的主要代表，因其头大、吻短、体色金黄、肉质鲜嫩和历史记忆等更受消费者欢迎，但因酷渔滥捕，自然资源已近绝迹，海捕野生大黄鱼更是一鱼难求，每千克价格高达6 000余元。由于大黄鱼特殊的文化特征，我国江苏、浙江、上海地区消费者对以"岱衢族"大黄鱼为代表的东海大黄鱼的深刻历史记忆和对大黄鱼品质（体形、体色、口味等）的特殊需求，导致野生与养殖大黄鱼的巨大价格差异（20～100倍）。为满足消费市场对高品质大黄鱼的旺盛需求，近年来浙江、福建等地开展了以改善养殖大黄鱼品质为目的的养殖，但适于高品质大黄鱼养殖的品种仍然缺乏。大黄鱼养殖业迫切需要培育出具有优良品质性状的大黄鱼养殖新品种，以改善养殖大黄鱼品质，提高大黄鱼养殖效益，推动大黄鱼养殖业健康和可持续发展。

为满足高品质大黄鱼优良养殖品种需求，推进大黄鱼养殖产业提质增效，宁波市海洋与渔业研究院联合宁波大学、象山港湾水产苗种有限公司等单位，从 2007 年开始，在舟山岱衢洋中街山渔场，采用传统小对网方式，采捕濒临绝迹的野生"岱衢族"大黄鱼，经保活、驯化和繁育，保存了"岱衢族"大黄鱼种质资源，并以此为基础群体，采用群体选育方法，围绕生长和体形等品质性状，经连续 5 代选育，培育出了生长快、体形优、遗传稳定的大黄鱼"甬岱 1 号"新品种（图 1）。

图 1　大黄鱼"甬岱 1 号"外形

（二）育种过程

1. 亲本来源

2007 年在舟山岱衢洋中街山渔场，采用传统小对网采捕 200 尾全长 15～20 厘米、体重 100 克左右岱衢洋野生大黄鱼，以此作为亲本。

2. 技术路线

采用群体选育技术，2007—2017 年连续选育 5 代，每代进行 5～6 次选择。为减少近亲交配，在构建 F_4 继代选育群体时，应用 SSR 标记进行辅助选配种。选育技术路线见图 2。

3. 培育过程

以 2007 年采捕的 200 尾岱衢洋野生大黄鱼为基础群体，采用群体选育技术，每两年选育一代，连续 5 代。每代分别在当年 6 月、10 月、翌年 5 月、10 月、12 月和催产繁殖时对留种养殖的继代选育群体进行 5～6 次选择，每次选择率 40% 左右，每代选择率 0.14%～4%。选育目标性状为生长速度（体重）、体形等，具体选择标准为：①规格大；②体

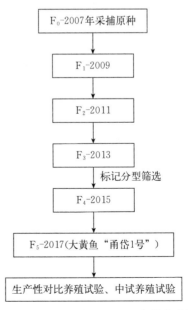

图 2　大黄鱼"甬岱 1 号"选育技术路线

形细长匀称，体高/体长≤0.28，头背部弧线流畅无凹凸；③鱼体健康、无伤无病、体黄亮丽。为减少近亲交配，F_4 继代选育群构建应用 SSR 标记进行辅助选配种。各代选育情况：

F_1 代：2009 年 2 月，从 2007 年采捕的 200 尾岱衢洋野生大黄鱼中选择 8 尾（4♀，4♂）作为亲本，繁育 F_1 代苗种 13 万尾，选留 2 万尾作为继代选育留种群体。

F_2 代：F_1 继代选育群体经 6 次筛选，2011 年 2 月，选择 F_1 代 194 尾（113♀，81♂）作为亲本，繁育 F_2 代苗种 125 万尾，选留 3 万尾作为继代选育留种群体。

F_3 代：F_2 继代选育群体经 5 次筛选，2013 年 2 月，选择 F_2 代 101 尾（70♀，31♂）作为亲本，繁育 F_3 代苗种 80 万尾，选留 3 万尾作为继代选育留种群体。

F_4 代：为维持选育群体的遗传多样性，避免过度近交导致近交衰退，对 F_3 继代选育群体经 4 次筛选获得的 300 尾（200♀，100♂）F_3 代候选亲本采用 8 个多态性 SSR 进行基因型检测分析，2015 年 2 月，选择遗传距离较远的 F_3 代 41 尾（28♀，13♂）作为亲本，配对繁育 F_4 代苗种 41 万尾，选留 3 万尾作为继代选育留种群体。

F_5 代（"甬岱 1 号"）：F_4 继代选育群体经 5 次筛选，2017 年 2 月，选择 F_4 代 1 200 尾（800♀，400♂）作为亲本，繁育 F_5 代苗种（即大黄鱼"甬岱 1 号"）1 320 万尾，选择其中 5 万尾作为大黄鱼"甬岱 1 号"留种群体。同期开展生产性对比养殖和中试养殖试验。

（三）品种特性和中试情况

1. 品种特性

在相同养殖条件下，大黄鱼"甬岱 1 号"与未经选育的大黄鱼相比，21 月龄生长速度平均提高 16.36%；与普通养殖大黄鱼相比，体高/体长、体长/尾柄长、尾柄长/尾柄高等体形参数存在显著差异，体形显匀称细长（图 3、表 1）。

大黄鱼"甬岱1号"   普通养殖大黄鱼

图 3 相同养殖条件下，同月龄大黄鱼"甬岱 1 号"与普通大黄鱼

表1 相同养殖条件下，同月龄大黄鱼"甬岱1号"与普通大黄鱼体形比较

性状	"甬岱1号"	普通大黄鱼	P值	备注
体长/吻长	23.20±1.84	22.86±1.84	0.719	
体长/尾柄长	3.49±0.20	3.46±0.19	0.000**	极显著
体长/尾柄高	12.79±0.73	12.73±0.72	0.705	
体长/体重	0.62±0.06	0.61±0.07	0.365	
体高/体长	0.265±0.015	0.288±0.018	0.000**	极显著
体长/头长	4.26±0.25	4.25±0.25	0.254	
尾柄长/体高	1.09±0.08	1.00±0.08	0.154	
尾柄长/尾柄高	0.368±0.30	0.356±0.30	0.000**	极显著
尾柄长/体重	0.18±0.02	0.18±0.02	0.448	
头长/吻长	5.45±0.31	5.39±0.32	0.077	

2. 中试情况

2017—2018年，在浙江象山港海域、三门湾海域、温州南麂岛和鹿西岛海域，以及福建宁德福鼎和三都澳海域进行大黄鱼"甬岱1号"中试养殖，养殖方式为普通网箱、抗风浪网箱和围网养殖，累计养殖水体为普通网箱58 000米^3，抗风浪网箱36 280米^3，围网20 000米^2。结果显示在普通网箱养殖条件下，全长6厘米鱼苗，经18～19个月养殖，平均规格可达450～578克，养殖成活率28.6%～70%，产品体形均匀细长，深受消费者欢迎，售价比相同方式养殖的普通大黄鱼高35%～138%；在抗风浪网箱和围网养殖条件下，200克左右的大规格鱼种，经5～6个月养殖，平均规格可达425～560克，养殖成活率85%～97.5%，产品体形均匀细长，优质品种获得率高，深受消费者欢迎，售价比普通网箱养殖的普通大黄鱼高125%～400%（表2）。

表2 大黄鱼"甬岱1号"中试养殖情况

中试海域	实施时间（年.月）	养殖方式	面积（水体）	放苗数量（万尾）	放苗规格（克）	成活率（%）	平均规格（克/尾）	售价（元/千克）	产量（吨）
象山港	2017.5—2019.3	普通网箱	5 000米^3	10	2	28.6	554	86	15.8
三门湾	2017.5—2018.11	普通网箱	22 400米^3	40	2	62.7	578	51.6	117.8
福鼎	2017.5—2018.12	普通网箱	3 600米^3	30	2	70	450	55	94.5
三都澳	2017.5—2019.2	普通网箱	27 000米^3	50	2	42	490	44	102.9
温州鹿西	2017.6—2018.2	抗风浪网箱	14 000米^3	13	250	85	450	50	
温州鹿西	2018.5—2019.4	抗风浪网箱	22 280米^3	12	90	85	425	216	43.3
温州南麂	2017.5—2018.1	围网	10 000米^2	4.5	163	97.5	550	200	24
温州南麂	2018.5—2019.2	围网	10 000米^2	4.83	157	95.6	560	190	25.8

二、人工繁殖技术

（一）亲本选择与培育

1. 亲本来源与选择

亲本来源于大黄鱼"甬岱1号"留种群体，留种群体每一世代共进行5次选择后才能作为后备亲本。第一次筛选为4月龄，第二次筛选为8月龄，第三次筛选为15月龄，第四次筛选为20月龄，第五次筛选为22月龄。第一至第四次筛选群体选留率为50%，第五次筛选为后备亲鱼入室强化前筛选，选留雌雄比为2∶1，要求2龄雌鱼规格850克以上，2龄雄鱼550克以上，且体质健壮、条形细长、体背厚实、色泽黄艳、无病无伤、有活力。

2. 亲鱼培育促熟

根据生产时间安排，确定亲鱼入室时间。入室水温根据海区自然水温进行调节，保持入室水温与海区水温温差不超过2℃。人工催产前40天左右开始升温促熟，每天升1℃，至19～20℃后，稳定10余天，保持亲鱼摄食旺盛；然后再每天升0.5～1℃，至22℃时停止升温，保持恒定至催产。升温至16℃时开始少量投饵，进行驯化；水温18℃以上时正常投饵，饵料以鲜鱼块、贝肉、沙蚕为主，也可用自制软颗粒饲料，日投饵量为鱼体重的3%～5%，日投喂2～4次，以多餐为宜。亲鱼培育期间每日吸污2次，日换水量60%～100%，进水温差小于1℃，保持池水温度恒定，盐度20～30，溶解氧大于5毫克/升，pH 7.8～8.4。

（二）人工繁殖

1. 催产

升温至22℃后稳定15～20天，雌鱼腹部膨大且有弹性，雄鱼腹部饱满，轻压泄殖孔有精液流出即可进行亲鱼催产。亲鱼经丁香酚或MS-222麻醉后，从胸鳍基部注射激素。激素种类及剂量视水温与亲鱼性腺成熟度而定，用LHRH-A$_3$催产时，雌鱼剂量为2～4微克/千克，雄鱼剂量减半注射。亲鱼催产后100%换水并调节水温至23℃；至受精卵收集，不再进行投喂；激素效应时间30～36小时，注射24小时后向水体添加EDTA至5毫克/升。

2. 孵化

产卵结束后4～8小时停气5分钟，待受精卵上浮后用100目质地柔软的拖网初收；初收后的受精卵经除污洗卵后置于同温同质海水中进行二次浮选；将静置后漂浮在上层的受精卵收集过秤，移入育苗池中孵化，操作过程要轻柔且保持温度稳定。孵化及育苗池选择面积30～60米^2、水深1.5～2.0米的水泥池为宜，布散气石 0.5～1 个/米²；水质应符合《无公害食品 海水养殖用水水质》（NY 5052—2001）规定；孵化期水温 21～25 ℃，最适水温 23～24 ℃，盐度 23～30，pH 7.8～8.4，保持溶解氧 5 毫克/升以上。受精卵孵化密度控制在 6 万～9 万粒/米³。

（三）苗种培育

1. 鱼苗室内培育

（1）密度管理　培育期水温与水质与孵化期保持一致。根据鱼苗生长及发育情况，调整鱼苗培育密度：全长小于 10 毫米时，培育密度 5 万～6 万尾/米³，本阶段适度密养，提高饵料利用率；全长 10～20 毫米时，密度 3 万～4 万尾/米³；全长 20～30 毫米时，密度 2 万～3 万尾/米³。

（2）投饲管理

① 受精卵孵化后，使用 80 目筛绢网进行换水 2 次，日换水量 20%～40%；仔鱼孵化后第 5～10 天投喂经营养强化后的褶皱臂尾轮虫，褶皱臂尾轮虫营养强化可用 2×10^7 个/毫升小球藻或富含高不饱和脂肪酸（HUFA）专用强化剂强化 4～6 小时。强化轮虫投喂密度保持 2～3 个/毫升，并保持小球藻细胞 5 万～10 万个/毫升。

② 孵化后 8～15 天投喂卤虫无节幼体，起始投喂密度为 0.05 个/毫升并逐步增加到 1 个/毫升，每 6～8 小时投喂 1 次，并根据鱼苗摄食消化情况调整投喂量和投喂频次。使用 60 目筛绢网进行换水 2 次，日换水量 40%～60%。

③ 孵化后 12 天至鱼苗出池投喂桡足类，起始投喂密度为 0.05 个/毫升并逐步增加到 0.5 个/毫升，每 3～4 小时投喂 1 次，并根据鱼苗摄食消化情况调整投喂量和投喂频次。开始投喂桡足类后的第一周使用 40 目筛绢网进行换水 2 次，日换水量 60%～80%；第二周使用 20 目筛绢网进行换水 2 次，日换水量 60%～80%；第三周后使用 10 目筛绢网进行换水 2 次，日换水量 80%～120%。

④ 孵化后 17 天开始投喂配合饲料，起始投喂量 1 颗/尾逐步增加到 5 颗/尾，每 6～7 小时投喂 1 次，根据鱼苗摄食消化情况调整投喂量和投喂频次，并根据鱼苗规格，调整配合饲料粒径至合适大小。前期日换水量 60%～80%；后期日换水量 80%～120%。

（3）育苗日常管理　育苗最适水温 23～24 ℃，微充气，使水面水花直径约 30 厘米，随鱼体增大逐渐扩大至 40 厘米。4 天后开始每天吸污 1 次，以保持水温恒定为主；至投喂桡足类后每天吸污 2 次，及时清除池底残饵、粪便、死苗等；配合饲料投饲 4 天后，进行乳酸菌拌喂，连续使用 7 天，改善肠道微生态；仔鱼开口 30 天后，使用纳米曝气机增氧，提高育苗池溶解氧。换水时温差小于 2 ℃。每天观察鱼苗摄食情况，监测理化因子变化情况，发现问题及时处理。

(4) 鱼苗下海　鱼苗在室内水泥池中培育至全长 25～30 毫米时，开始进行降温驯化，日降温 2 次，每次 0.5～1 ℃，经 4～5 天降温后，达到自然海区温度 14 ℃左右，即可将鱼苗移到海区网箱中继续进行海区鱼种培育。

2. 鱼苗海区培育

(1) 密度管理　鱼苗下海后，需根据鱼苗生长适时调整网箱网目规格与培育密度：全长 25～35 毫米，选用 3～4 毫米孔径网目，培育密度控制在 1 500 尾/米³；全长 35～45 毫米，选用 4～5 毫米孔径网目，培育密度控制在 1 200 尾/米³；全长 45～55 毫米，选用 5～10 毫米孔径网目，培育密度控制在 1 000 尾/米³；全长 55～65 毫米，选用 10～12 毫米孔径网目，培育密度控制在 800 尾/米³。

(2) 投饲管理　鱼苗下海后，初期以室内培育同质配合饲料为主，并根据鱼苗生长适量增加鲜杂鱼、贝类等肉糜：全长 25～35 毫米，配合饲料日投饵 6～8 次，日投饵量为体重的 20%～30%；全长 35～45 毫米，配合饲料日投饵 4～6 次，日投饵量为体重的 12%～20%，投喂肉糜料为体重的 50%～80%；全长 45～55 毫米，日投饵 2～4 次，日投饵量为体重的 6%～12%，投喂肉糜料为体重的 30%～50%；全长 55～65 毫米，日投饵 2 次，日投饵量为体重的 4%～6%，投喂肉糜料为体重的 15%～30%。海区培育期间，需根据水温、鱼苗摄食情况等适时调整投喂量及饵料粒径。

(3) 日常管理　每天定时观测水温、盐度、透明度与水流等理化因子，注意苗种集群、摄食、病害与死亡等情况，并详细记录，发现问题应及时采取措施。同步检查养殖设施的安全性，保持饲养环境安静。

三、健康养殖技术

(一) 健康养殖模式和配套技术

大黄鱼"甬岱 1 号"新品种在生长、体形方面具有优势，适于在浙江、福建沿海海水水体开展基于传统网箱的高品质大黄鱼分段健康养殖。

1. 海区条件及网箱设置

应选择附近无工农业污染、潮流畅通、水体交换良好、可避大风浪、低潮水深在 8 米以上、确保网箱底部至海底距离在 1.5 米以上的海区。养殖环境应符合《无公害食品　海水养殖产地环境条件》（NY 5362—2010）的要求，海区表层水温在 8～30 ℃；盐度在 13～32；pH 7.8～8.5；溶解氧大于 5 毫克/升；流速小于 1.5 米/秒，流向平直而稳定，利用挡流设施可控制鱼苗培育网箱内流速小于0.2米/秒，鱼种及成鱼养殖网箱内流速在0.2～0.5米/秒。渔排可采用高密度聚乙烯（HDPE）或木板材料，以（3～6）米×（3～6）米正方形规格设置为宜，并根据养殖大黄鱼不同阶段和规格选择适宜网目与单框组合数。

2. 鱼苗放养与分段养殖

选择全长大于5厘米、规格整齐、检疫合格、体质健壮的苗种进行养殖。养殖期间，根据鱼苗生长的不同阶段实行分段养殖，选择适宜网箱规格和网目，确定合理的养殖密度（表3）。

表3 大黄鱼"甬岱1号"分段养殖管理要求

生长阶段 全长（厘米）	网箱规格 （长×宽）（米）	网目 （毫米）	养殖密度 （尾/米³）	换、晒网 （次/月）	备注
5～7	（5～6）×（5～6）	10～12	150	2	
7～10	（5～12）×（5～6）	12～15	100	1	
10～15	（6～10）×（6～10）	15～20	50	1	
15～20	（10～12）×（10～12）	20～35	20	1	至越冬
>20	（15～25）×（15～25）	35～45	10	1	越冬后

3. 投饲管理

根据不同生长阶段、不同季节，选择不同投饲策略。为保证投喂效果，确保大黄鱼摄食时间不少于40分钟，台风等应激性天气前需进行抗应激处理。

(1) 4月下旬至6月下旬海区水温低于27℃时　选择高蛋白、高脂肪配合饲料与鲜杂鱼饲料按50∶50比例使用，充分利用最适生长温度阶段促进生长，每日清晨与傍晚各投饵1次，配合饲料日投饵量为鱼体重1.5%～2.5%，鲜杂鱼日投饵量为鱼体重7.5%～15%，控制单次饱食度为90%～95%。

(2) 7月至9月上旬海区水温高于27℃时　选择高蛋白、中低脂肪配合饲料，提高养殖成活率，每日清晨或傍晚投饵1次，配合饲料日投饵量为鱼体重1.5%～2%，大潮水期间投喂1～2次鲜杂鱼，鲜杂鱼日投饵量为鱼体重5%～10%，控制单次饱食度为70%～80%；高温时段适宜采取定期停料（每周1天）及肠道益生菌拌喂（每月2次）策略，提高成活率。

(3) 9月中旬至10月下旬海区水温低于27℃时　选择高蛋白配合饲料与鲜杂鱼饲料按60∶40比例使用，加速生长并做好越冬能量储备，提高成活率，每日清晨与傍晚各投饵1次，日投饵量为鱼体重1.5%～3%，鲜杂鱼日投饵量为鱼体重7.5%～12%，控制单次饱食度为90%～95%。

4. 越冬管理

养殖水温低于15℃后，进入越冬期，可采用鱼种异地越冬或原位越冬。

异地越冬在大黄鱼鱼种运输前，做好鱼种疫病检疫，在达到检疫要求后方可活体跨境运输。原位越冬在水温接近 20 ℃时，按鱼种规格和数量进行密度调整及强化培育，调整养殖密度至 1.5～2 千克/米^3。定期检测大黄鱼内脏白点病发病情况并进行防病处理。水温 20～15 ℃时，每天投喂 1 次，配合饲料日投饵量应小于体重 1.5% 或天然饵料投饵量应小于体重 4.0%，下午投喂；水温低于 15 ℃时，不投喂。越冬期间尽量避免移箱操作，并在网箱四周加强挡流防护措施。翌年水温回升至 13～14 ℃时可少量适应性投喂，并根据水温回升情况逐步恢复投喂量。

5. 日常管理

每天定时观测水温、盐度、透明度与水流等理化因子，以及苗种集群、摄食、病害与死亡情况，并详细记录，发现问题应及时采取措施。及时处理病死鱼，并集中上岸无害化处理。

（二）主要病害防治方法

随着大黄鱼养殖产业的规模化发展，大黄鱼养殖病害日趋复杂。目前大黄鱼病害主要包括"三白病"（体表白点病、内脏白点病、白鳃病）、腐皮病，以及本尼登虫、淀粉卵涡鞭虫引起的寄生虫病等，因此必须坚持以防为主、防治结合的原则。

1. 体表白点病

（1）病原与症状　该病病原为刺激隐核虫，多发生于 5—11 月，且以水温 21～25 ℃最为易发。该病发病初期肉眼可见病鱼体表、各鳍及鳃上先出现少量白色小点，患病鱼摄食量下降；中后期鱼体体表、鳃、鳍等感染部位小白点增多，体表分泌的黏液增多，呼吸困难，常浮于水体表面缓慢游动，敏感度降低，时常用身体摩擦网箱，伴随鳍条缺损、头部和尾部溃烂，对鳃、鳍等镜检可观察到刺激隐核虫滋养体。

（2）防治方法　鱼苗或鱼种投放前，活体需进行检疫，避免刺激隐核虫病原的输入。合理规划养殖区网箱设置，提高养殖区水体通畅度，降低该病集中暴发概率。在该病易发季节，适当增加换网频率，可减少该病发生。使用配合饲料替代鲜杂鱼饲料，并添加免疫增强剂，也可减少该病发生。发病期间，可采用吊挂硫酸铜、三氯异氰尿酸控制病情恶化发展；发病严重时可通过清空渔排中间网箱形成的临时水通道，增加渔排通水能力，提高成活率。

2. 内脏白点病

（1）病原与症状　该病病原为杀香鱼假单胞菌，多发生于 11 月至翌年 4 月，为低温病害，且以水温 15～19 ℃最为易发。该病发病时，患病大黄鱼体色发黑，停止摄食，常浮于水面缓慢游动，体表无明显损伤；部分发病严重个体呈现胸鳍基部出血，腹部膨大，体表偶见红色溃疡斑；剖检可见鳃颜色变淡，腹水增多，脾脏、肾脏、肝脏等组织有大小不等的白色结节病灶。

（2）防治方法　在该病易发季节，使用配合饲料替代冰鲜杂鱼投喂，可在一定程度上降低该病发病率；易发季节注重日常观察及现场剖检，做到早发现、早治疗，为该病防控获得有效窗口期。大黄鱼发生该病，在执业兽医师的指导下，可选择该病原菌较为敏感的恩诺沙星（8毫克/千克，以鱼体重计，下同）、多西环素（3毫克/千克）、庆大霉素（2毫克/千克）等作为治疗药物，连续使用4~6天为一个疗程，根据治疗效果确定后续用药疗程。商品鱼用药后，需严格执行休药期，确保食品安全。

3. 白鳃病

（1）病原与症状　该病病原目前尚未确定，多发生于7—9月，为高温病害，且以水温27~29 ℃最为易发。该病发病时，患病大黄鱼体色灰白发暗，停止摄食，游动缓慢，体表无明显损伤，剖检可见鳃丝苍白呈贫血症状，血液颜色淡红，红细胞数量明显降低，脾脏肥大，胆囊肿大且呈墨绿色。

（2）防治方法　由于目前该病主要病原尚未明确，需坚持以防为主，但实践中病毒性病害防治方法可在一定程度上实现对该病的防控。在亲鱼及鱼苗选择上，加强病害检疫管理，降低源头感染风险；在该病易发的高温季节，使用高蛋白、中低脂肪配合饲料替代冰鲜杂鱼投喂，同步定期添加肠道益生菌、三黄粉、黄芩多糖、酵母多糖等中草药制剂与免疫增强剂，降低该病发病率；该病急性发作期时，可通过停止投喂方法控制暴发性死亡，待死亡率稳定后7~10天开始少量投喂并逐步恢复投喂量。

4. 腐皮病

（1）病原与症状　该病病原多为哈维氏弧菌、溶藻弧菌等细菌继发感染引起，多发生于7—10月，且以水温25~28 ℃最为易发。该病症状为躯干、尾柄等部分的体表溃疡，多发于寄生虫病害或台风发生后，为鱼体表受创后继发感染所致。病重个体下颌、腹部发红，胸鳍与腹鳍基部充血，解剖可见肠道充血、脾脏微肿症状。

（2）防治方法　在该病易发季节，及时清除网衣上附着的海葵、牡蛎等有害附着生物，降低养殖大黄鱼体表受创可能性；每半月对养殖网箱区进行常规挂袋消毒处理一次，减少养殖网箱病原生物量；该病发生时，在执业兽医师的指导下，可采用拌服恩诺沙星（4毫克/千克，以鱼体重计，下同）、多西环素（2毫克/千克）、庆大霉素（2毫克/千克）、氟甲喹（1毫克/千克）等作为治疗药物，连续使用4~6天。

5. 本尼登虫病

（1）病原与症状　该病病原为本尼登虫，多发生于8—10月，且以水温26～28℃最为易发。该病发病时，部分鱼体表有半透明白点，眼睛变白，呈白内障症状，严重者，眼球红肿充血突出或破裂；鱼鳍特别是尾鳍发红腐烂，部分个体体侧肌肉溃疡，病鱼表现焦躁不安，不断狂游，或摩擦网衣使鳞片脱落；个体食欲减退，游动迟缓，因严重继发细菌感染出现死亡。临床诊断常用淡水浸泡病鱼2分钟以上，可见2～3毫米椭圆形薄片状虫体脱落，镜检可见病原虫体。

（2）防治方法　该病以预防和早期治疗为主：在该病易发季节，减少鲜杂鱼饲料使用可减少该病发生；同时流行期间加强网箱更换或消毒，可采用生石灰、漂白粉等泼洒网箱边角、吊挂三氯异氰尿酸等方式，减少该病的流行；在该病发生期间，可在涨落潮前半小时向发病后集群大黄鱼泼洒晶体敌百虫溶液，使局部药物浓度达到5～10毫克/升，连续使用3～4天控制病情发展；对发生继发细菌性感染养殖群体，同步进行庆大霉素、多西环素内服和网箱消毒剂吊挂。

6. 淀粉卵涡鞭虫病

（1）病原与症状　该病病原为淀粉卵涡鞭虫，也称淀粉卵甲藻，多发生于6—9月。该病发生后病鱼鱼鳍及体表黏液呈白色斑块状，体色变黑，厌食消瘦，个体呼吸急促，鳃盖开闭不规则，常在水中窜游，并伴有身体摩擦网衣，造成鳞片大面积松散脱落，剖检可见鳃呈灰白色，贫血症状明显。

（2）防治方法　鱼苗或鱼种投放前，活体需进行检疫，避免淀粉卵涡鞭虫病原的输入；合理设置养殖密度，并提高养殖区水体通畅度，降低发病率；在该病易发季节，可采用网箱泼洒生石灰水或吊挂硫酸铜与硫酸亚铁合剂（5∶2）的方法，同步增加换网频率，预防病原的暴发性增殖；发病时应及时捞出发病和死亡个体，增加网箱水流通畅性，减少交叉感染概率；有条件可采用淡水浸泡处理。

四、育种和种苗供应单位

（一）育种单位

1. 宁波市海洋与渔业研究院

地址和邮编：浙江省宁波市鄞州区聚贤路587弄15号A3幢301室，315103

联系人：吴雄飞

电话：13805874941

2. 宁波大学

地址和邮编：浙江省宁波市北仑区梅山港区七星南路169号，315823

联系人：竺俊全

电话：13957841679

3. 象山港湾水产苗种有限公司

地址和邮编：浙江省宁波市象山县高泥村，315702

联系人：徐万土

电话：13606783618

（二）种苗供应单位

1. 象山港湾水产苗种有限公司

地址和邮编：浙江省宁波市象山县高泥村，315702

联系人：徐万土

电话：13606783618

2. 宁波市惠民海洋牧场科技有限公司

地址和邮编：浙江省宁波市鄞州区咸祥镇乐家村渔业科技创新基地，315141

联系人：黄琳

电话：13605781672

五、编写人员名单

吴雄飞，沈伟良，竺俊全，徐万土，申屠基康

团头鲂"浦江2号"

一、品种概况

（一）培育背景

团头鲂是我国重要的草食性淡水经济鱼类，除西藏、青海外的所有省份均有养殖，目前年产量约80万吨。团头鲂现有品种2个："浦江1号"和"华海1号"。团头鲂不耐低氧，对养殖水体的溶解氧变化比较敏感，在生产上迫切需要更多的优质、耐低氧能力强的良种。

（二）育种过程

1. 亲本来源

以2006年从江西鄱阳湖采捕的1 498尾团头鲂为基础群体。

2. 技术路线

选育技术路线见图1。

3. 培（选）育过程

2006年，经微卫星遗传多样性和耐低氧性能分析，决定以遗传多样性丰富、耐低氧能力强的鄱阳湖野生团头鲂为选育基础群体。

2007年5月，从在江西鄱阳湖采捕的1 498尾野生团头鲂中，选择体重大、微卫星分析亲缘关系远的50尾雌鱼和50尾雄鱼作为繁殖亲本，通过群体繁殖建立育种基础群体（F_0代）。待鱼苗平游后，放5万尾鱼苗在1个3.0亩*土池中进行发塘，在30日龄（6～7厘米）时，用合适孔径的分级筛分选出体重大的3 000尾个体，放于3.0亩土池中继续养殖，当年12月从中选留体重大的1 500尾为后备亲本，1龄阶段的选择压力为3%。

2008年年底，在1 490尾2龄成鱼中，挑选体重大的个体，利用8对多态性高的微卫星引物进行遗传鉴定，选留106尾（雌50，雄56）体重大、亲缘关系较远的成鱼作为下一代选育的繁殖亲本，选择压力为7%。

---

* 亩为非法定计量单位，15亩=1公顷，下同。——编者注

图 1　团头鲂"浦江 2 号"选育技术路线

2009 年 5 月，群体繁殖获得 F_1 代，待鱼苗平游后，放养水花 12 万尾，在 2 个 4.5 亩土池中进行发塘，在 30 日龄（6～7 厘米）时，用合适孔径的分级筛分选出体重大的 6 000 尾个体，放于土池中继续养殖，当年 12 月从中选留体重大的 1 200 尾为后备亲本，1 龄阶段的选择压力为 1%。

2010 年，开展 2 龄阶段的群体选育。以生长速度为目标性状，当年年底，在 1 110 尾 2 龄成鱼中挑选体重大的个体，利用 8 对多态性高的微卫星引物进行亲缘关系分析，淘汰亲缘关系近的个体，最后选留体重大、亲缘关系较远的 100 尾（雌 50，雄 50）作为下一代群体选育的亲本，选择压力为 9%。

2011 年 5 月，群体繁殖获得 F_2 代，并开展 1 龄阶段的群体选育。当年放养水花 34.5 万尾于土池发塘，在 30 日龄（5～6 厘米）时，用合适孔径的分级筛分选出体重大的 10 000 尾个体，放于土池中继续养殖，当年 12 月从中选留体重大的3 456尾为后备亲本，1龄阶段的选择压力约为1%。

2012年，选育F_2代转运到农业部团头鲂遗传育种中心（浦东滨海），继续2龄阶段群体选育。在进行生长性状选育过程中辅以低氧胁迫，溶解氧（DO）值设置的下限为团头鲂窒息点（0.8～1.0毫克/升，根据温度稍有差异），持续时间为2小时，频次为2次（7月和9月各1次）（表1）。以F_2代选留的3 456尾2龄成鱼为基础，通过降低池塘（4.5亩）水位和气温剧升（2012年7月，DO值约1.0毫克/升）或剧降（2012年9月，DO值约0.8毫克/升）造成的低氧胁迫，淘汰缺氧死亡的2龄成鱼2 426尾，存活1 030尾，选择压力为29.8%。当年年底，在缺氧存活的1 030尾2龄成鱼中，进行微卫星遗传分析，从中选98尾（雌50，雄48）体重大、亲缘关系较远的F_2代成鱼为繁殖亲本，选择压力为9.5%。2龄阶段的累计选择压力为2.8%。

表1 F_2代低氧胁迫选育情况

群体	时间	起始数量（尾）	规格（克）	溶解氧（毫克/升）	低氧胁迫持续时间（小时）	存活数量（尾）
F_2代	2012年7月	3 456	约300	1.0	2	1 823
F_2代	2012年9月	1 823	约650	0.8	2	1 030

2013年5月，群体繁殖获得F_3代并开展1龄阶段低氧胁迫下的群体选育。以选留的50尾雌鱼和48尾雄鱼作为亲本，建立24个F_3群体（2♀×2♂群体22个、2♀×3♂群体2个）。各群体3 000～3 500尾个体中分别选留最大的400尾，在专门的可控制水中溶解氧的室内养殖车间中进行室内车间低氧胁迫养殖。DO值的下限为团头鲂窒息点上约1.5毫克/升，该DO值以上团头鲂能够摄食生长，持续时间为6个月，受试群体的起始规格为4～5厘米（体重约1.5克）。经综合比较各群体个体在低氧胁迫下的生长指标，最终选留生长速度快的774尾为后备亲本，分别归属于24个家系。1龄阶段的选择压力约为1%。

2014年，开展2龄阶段的群体选育。当年年底在720尾2龄成鱼中，进行微卫星遗传分析，从中选留体重大、亲缘关系较远的142尾（雌92尾，雄50尾）F_3代个体为繁殖亲本，选择压力约为20%。

2015年5月，群体繁殖获得F_4代并开展1龄阶段低氧胁迫下的群体选育。以选留的耐低氧F_3代92尾雌鱼和50尾雄鱼作为亲本，建立24个F_4群体（4♀×2♂群体22个、2♀×3♂群体2个）。各群体约10 000尾个体中分别选留最大的800尾，在专门的可控制水中溶解氧的室内养殖车间中进行室内车间低氧胁迫养殖。DO值的下限为团头鲂窒息点上1.5毫克/升，该DO值以上团头鲂能够摄食生长，持续时间为6个月，受试群体的起始规格为

3~4厘米（体重约1.2克）。经综合比较各群体个体在低氧胁迫下的生长指标，最终选留生长速度快的6 500尾为后备亲本，1龄阶段的选择压力约为2.7%。

2016年，开展2龄阶段的群体选育。当年年底在存活的6 080尾亲本中，进行微卫星遗传分析，从中选留个体大、亲缘关系较远的760尾雌鱼和760尾雄鱼，建立F_4代亲本群体，选择压力约为25%。

2017年5月，进行了多批次的扩繁工作，获得了F_5代优质苗种0.42亿尾。

2017—2018年，进行连续两年的生产性对比试验及中试养殖试验。

（三）品种特性和中试情况

1. 品种特性

（1）生长速度　1龄鱼种阶段的生长速度比"浦江1号"提高了18.6%以上，2龄成鱼阶段提高了18.1%以上，体重变异系数均小于10%，成鱼规格整齐。

（2）品种优点　在生长性能提高的同时，耐低氧能力强，可作为优良养殖新品种在高密度养殖条件下（如池塘或工厂化设施）进行养殖。

（3）主要缺点　由于采用群体选育，有效繁殖群体的数量应该在50组亲本以上，主要是为了避免盲目留种造成近亲交配。

2. 中试情况

（1）中试选点情况　2017—2018年，在江苏、安徽主养区共4个试验点进行生长性能评估。试验区域包括2个主要养殖区域，即江苏主养区和安徽主养区。同一养殖区域分别包括试验点2个，共4个试验点。在1龄鱼种、2龄成鱼阶段模拟主产区的生产方式开展池塘养殖试验。对照品种为团头鲂"浦江1号"，产自江苏滆湖国家级团头鲂良种场。

（2）试验方法

1龄阶段生长试验：5月中旬，选取2口试验土池（1.5亩，水深1.2米）分别放养团头鲂"浦江2号"和对照"浦江1号"鱼苗，按每亩10 000尾的密度发塘。泼洒豆浆培育枝角类和桡足类等开口饵料，并投喂小球藻和轮虫，第14天开始投喂卤虫无节幼体，21天左右开始投喂豆粕粉、小麦粉、破碎配合饲料、适口膨化饲料。经1.5个月的养殖，体重达到10克左右，2个群体随机各选取2 250尾，分别剪鳍进行标记，进行同塘（1.5亩，平均每亩3 000尾）生长对比试验，设3个重复。投喂32%蛋白含量的饲料，每日2次，投饲率为3%~5%；每日巡塘2次，看水色，看鱼情。记录鱼发病和死亡等情况，180天后收获，每个池塘随机取100尾鱼测量体重。

2龄阶段生长试验：选取10口20亩的试验鱼池，平均水深2.5米，分别放养团头鲂"浦江2号"和"浦江1号"鱼种（对照），按每亩2 000尾的密度分池培育，进行2龄成鱼阶段的池塘生长对比试验。投喂28%蛋白含量的饲料，每日2次，投饲率为3%～5%。每日巡塘2次，看水色，看鱼情，记录鱼发病和死亡等情况。试验结束时，每个池塘随机取100尾鱼，测量体重，设3组重复。所有数据均采用Excel软件处理，采用ANOVA-LSD方法进行差异性分析。

（3）试验结果　2个主要养殖区域共4个试验点连续的生产试验对比结果见表2，团头鲂"浦江2号"在池塘养殖条件下的生长速度获得显著提升，1龄鱼种阶段的生长速度比"浦江1号"提高了18.6%以上，2龄成鱼阶段提高了18.1%以上，体重变异系数均小于10%，成鱼规格整齐。

表2　团头鲂"浦江2号"生产试验对比结果

	试验时间（年）	面积（亩）	1龄增重（%）	2龄增重（%）	变异系数（%）
常州市武进水产养殖场	2017—2018	204.5	19.6	18.1	8.2
江苏滆湖团头鲂良种场	2017—2018	156.0	18.6	18.9	8.5
安徽东升农牧科技有限公司	2017—2018	324.5	19.7	18.7	8.6
安徽濉溪孙疃雪梅水产养殖场	2017—2018	196.0	18.8	19.2	8.0

二、人工繁殖技术

（一）亲本选择与培育

1. 亲鱼来源

团头鲂"浦江2号"由农业农村部团头鲂遗传育种中心（上海海洋大学）或指定良种培育单位提供。团头鲂"浦江2号"亲鱼在3龄（2+）时便可达到性成熟，但雌鱼卵子量并不充沛，同一亲本的卵子质量也存在一定差异。大量繁殖时一般选用4（3+）～5（4+）龄的亲鱼为宜，6龄（5+）后繁殖能力开始下降，鱼苗畸形率上升。成熟度好的雌性亲鱼每年可产卵7万～10万粒/千克。用于繁殖的亲鱼体重：雌鱼应在1.5千克/尾以上，雄鱼应在1.5千克/尾以上；双亲间的年龄与体重应相近。

2. 培育方法

（1）养殖环境　靠近水源，排灌方便，没有对渔业水质构成威胁的污染源。亲本饲养池面积1 500～3 000米^2，水深2.0～3.0米，池底平坦，沙壤土或壤土，淤泥厚度小于20厘米，池塘通风向阳，池水透明度（30±5）厘米。

（2）亲鱼喂养 雌、雄亲鱼的放养比例为1:（1～1.2）。团头鲂"浦江2号"可在池塘条件下养殖，直至达到性成熟。成熟亲鱼越冬后可放于土池或水泥池养殖直至5月初进行繁殖。亲鱼需由专池饲养，做好电子标记或其他体外标记，并建立亲鱼电子档案，严禁混入其他团头鲂品种或商品鱼。早晚各巡塘一次，观察池水水色和透明度变化，观察亲鱼活动情况，严防缺氧浮头。

清明节后，以配合饲料（蛋白含量约30%）为主，搭配以青饲料。3月下旬可适当增加青饲料的投喂量。4月中旬可停止投喂配合饲料，全部投喂青饲料如黑麦草等。日投喂量为鱼体重的2%～3%。一般日投喂2次，上、下午各投喂1次。

（二）人工繁殖

1. 亲鱼鉴别

雌雄的鉴别见表3。

表3 团头鲂"浦江2号"的雌雄特征比较

特征	雌鱼	雄鱼
胸鳍	第一鳍条较薄	第一鳍条较厚，稍尖，呈波浪形弯曲（1龄即可辨别，2龄时已经很明显）
珠星	仅眼眶及身体背部有少量"珠星"	胸鳍的前数根鳍条的背面、尾柄背部和腹鳍均有密集的"珠星"，用手抚摸有粗糙感
腹部	腹部隆起、柔软、生殖孔稍有红润且略显突出	腹部较小，性成熟时轻压鱼体腹部，可见有白色精液流出

2. 繁殖时间

每年5月上中旬，池塘水温回升并稳定在18℃以上时，即可催产亲鱼，水温在20～26℃时为适宜繁殖时期，22～24℃时最佳。

3. 孵化技术

（1）催产

一针注射法：性腺发育良好的雌鱼按照LRH-A 5微克/千克+HCG 800～1000国际单位/千克注射，雄鱼剂量减半。在水温25℃时，20:00—22:00注射激素，翌日清晨即可产卵。

二针注射法：雌鱼的第一针通常用上述一针注射法的1/10剂量或只用LRH-A 3～5微克/千克，称为"催熟针"，间隔6～10小时（因成熟度的好坏、水温的高低而异）注射第二针，药物和剂量同上述一针注射法。一般性腺发育稍差的采用二针注射法。对雄鱼来说，只在雌鱼最后一次注射时注射，注射量为雌鱼所用剂量的一半。

（2）效应时间　效应时间除了受性腺成熟度、激素效价的影响外，还与水温高低有密切的关系，见表4。

表4　水温与效应时间的关系

水温（℃）	效应时间（小时）
18~19	12~14
20~21	10~12
22~23	9~11
24~25	7~8
26~27	6~7

（3）授（受）精和孵化

人工授精：将人工挤取的精、卵混合后，用羽毛搅拌1~2分钟，然后将受精卵倒入制备好的滑石粉水混合液中脱黏（用0.5千克滑石粉或细黏土加5千克水再加25克食盐配制），搅拌3分钟后脱黏完成，经滤洗后倒入孵化桶中流水孵化。

自然受精：将雌雄鱼按1:（1~1.2）比例放入产卵池或环道中（面积50~100米^2，水深1.5~1.8米），挂入经过消毒的棕榈丝、网片等产卵巢，在流水刺激下使其自然产卵，受精卵粘到产卵巢上后进行微流水孵化。

（4）受精率计算　团头鲂"浦江2号"受精卵为黏性卵，其卵膜由一层黏性强的次级卵膜与初级卵膜相连，故透明度较差。每个受精卵近圆球形，卵质分布均匀，外包以卵膜。受精卵直径为0.96毫米，卵膜吸水膨胀到极点时直径最大为1.39毫米。成熟的未受精卵遇水易膨胀即不正常的分裂，但分裂面、分裂球大小不规则，分裂速度较慢，直至原肠胚早期前解体。故鱼苗生产中须在原肠胚中期计算受精率。鉴别鱼卵是否受精可凭手感，通常受精卵有较强的弹性，肉眼观察可见其中央有透明的晶体，如呈白色即为死卵。

（三）苗种培育

1. 塘口准备

准备土池塘面积2~5亩，鱼苗放养前10~15天，抽干池水，用漂白粉或生石灰彻底清塘，杀死病菌、寄生虫。一周后堆放发酵过的肥水宝或鸡粪、猪粪100~200千克/亩，用于肥水培育基础饵料；鱼池施肥后6~7天，轮虫繁殖达到高峰期，此时鱼苗即可下塘。如果水温低，可推迟2~3天下塘。鱼苗放养时，塘口水深平均为40～60厘米。

2. 鱼苗放养

5月中下旬放养繁殖的团头鲂良种水花。下塘前，将鱼苗放入稍大的塑料盆内，按每10万尾鱼苗取蛋黄2～3个，将蛋黄捣烂用水稀释，经40目聚乙烯网布过滤，均匀洒在盆内，20分钟后即可放入池中。投放水花时避开阳光强烈的中午，将苗袋轻放入池水中15～30分钟，轻轻晃动，使运输苗袋水温与池塘水温相一致，慢慢放入水花，如遇有风浪应选择上风离岸2～4米处放苗。每亩放养约10万尾。

3. 饲养管理

培育鱼苗以投喂豆浆为主，施肥为辅。泼洒豆浆要少量多次，均匀泼洒，投饵要做到"三遍两满塘"（即每天泼浆3次，其中2次全塘泼洒，1次围绕鱼池四周泼洒），豆浆现磨现泼，不可搁置太久，每天按每亩水面取黄豆3～4千克，浸泡20小时左右磨成豆浆投喂。鱼苗入池5天后，除泼洒豆浆外，还需逐渐添加粉状配合饲料于豆浆中，一周后逐渐投喂全价配合饲料。

4. 水质管理

每周加注新水一次，每次10～20厘米，根据水质情况，每隔7～10天使用有机肥一次，每个塘口一次用量25千克，温度高于20℃开始每天正常使用增氧机。

5. 捕捞分塘

鱼苗经20～25天培育，长到3厘米以上时，要及时分池，以降低饲养密度，促进夏花生长，提高夏花出池规格。夏花出池前需进行2～3天拉网锻炼，拉网前要停食1天，操作时动作要轻，速度要慢，避免受伤，保证存活。

三、健康养殖技术

（一）健康养殖（生态养殖）模式和配套技术

1. 养殖环境

靠近水源，排灌方便，没有对渔业水质构成威胁的污染源。池塘通风向阳，池水透明度（30±5）厘米。鱼池要求见表5。

表5 鱼池要求

鱼池类别	面积（米^2）	水深（米）	淤泥厚度（厘米）	地质要求
鱼种池	667～1 333	1.0～1.5	≤20	池底平坦，沙壤土或壤土
成鱼饲养池	1 333～20 000	1.5～3.0	≤20	

2. 鱼苗、鱼种质量要求

（1）鱼苗、鱼种来源　从农业农村部团头鲂遗传育种中心、指定良种场或苗种场引进鱼苗、鱼种。鱼苗、鱼种应经检疫合格。

（2）鱼苗质量　肉眼观察95％以上的鱼苗卵黄囊基本消失，鳔充气，主动摄食，体表色泽光亮，体质健壮。集群游动，行动活泼，个体离水蹦跳有力。规格整齐，大小一致，同一规格鱼苗合格率不低于95％。可数指标：畸形率小于0.2％；伤病率小于0.2％。

（3）鱼种质量　鱼苗发育至全身鳞片披齐，鳍条长全，外观已具有成鱼基本特征，鱼体无损伤。体表鲜亮、光滑有黏液，色泽正常，游动活泼。规格整齐，大小一致，同一规格鱼种合格率不低于95％。畸形率小于0.2％；伤残率小于0.2％。

3. 苗种培育

（1）苗种培育池消毒　放苗前1～2周，将池水基本排干，仅留10厘米左右水深，每亩用50～80千克生石灰全池泼洒，也可用10千克漂白粉化水泼洒，消灭野杂鱼、虾、敌害生物和病菌等。

鱼苗、鱼种投放前5～7天，施绿肥200～400千克/亩，有机肥需经发酵腐熟，并用1％～2％生石灰消毒，或堆放发酵过的鸡粪、猪粪100～200千克/亩。鱼池施肥后6～7天，轮虫繁殖达到高峰期，此时鱼苗即可下塘。如果水温低，可推迟2～3天下池。鱼苗放养时，塘口水深平均为40～60厘米。

（2）鱼苗放养　投放水花时选择早上，避开阳光强烈的中午，将苗袋轻放入池水中15～30分钟，轻轻晃动，使运输苗袋水温与池塘水温相一致，慢慢放入水花，如遇有风浪应选择上风离岸2～4米处放苗。每亩放养约10万尾。

（3）饲养管理　鱼苗入池后，刚开始投喂豆浆，泼洒豆浆要少量多次，均匀泼洒，投饵要做到"三遍两满塘"，豆浆现磨现泼，不可搁置太久，每天按每亩水面取黄豆3～4千克，浸泡20小时左右磨成豆浆投喂。入池5天后，除泼洒豆浆外，还需逐渐添加粉状配合饲料于豆浆中。第二周开始投喂配合饲料，每万尾鱼每天投喂0.25～0.30千克。以后根据鱼苗生长和水温变化情况每3～5天增加投喂量，增加量为上一阶段的30％～50％。3厘米以下苗种投喂粗蛋白含量高于35％的粉料，3厘米以上苗种投喂粗蛋白含量32％以上的幼鱼小颗粒配合饲料。

（4）水质管理　培育期间，每周加注水一次，使池水深在最后培育阶段达到1米。

（5）捕捞分塘　鱼苗经20～25天培育，长到3厘米以上时，要及时分池，以降低饲养密度，促进夏花生长，提高夏花出池规格。夏花出池前需进行2～3天拉网锻炼，拉网前要停食1天，操作时动作要轻，速度要慢。

4. 成鱼饲养

（1）鱼种放养时间　当水温达到并稳定在18 ℃以上时即可放养。放养前用2%～4%食盐浸浴5分钟。

（2）放养规格、密度　每亩放养夏花鱼苗（3～4厘米）3 000尾，或10厘米以上鱼种1 500尾。

（3）饲养管理　以投喂配合饲料为主，饲料粗蛋白含量在28%～32%为宜，日投饲量为鱼体重的2%～3%，日投喂3～4次，并配合投喂鱼体重2%～3%的青饲料；投喂要求做到定时、定位、定质、定量。每15～20天加注水一次，使池水保持在2米以上；每2亩需配1.5千瓦的增氧机一台，每天午夜开机一次，每次5～6小时，高温、下雨或变温季节，每次增加1～2小时，晴天中午开机1～2小时。

（4）起捕　按鱼体出池规格要求确定起捕时间。一般选择在冬季，当水温下降至15 ℃及以下时，可拉网起捕。

5. 越冬管理

（1）越冬方式　在北方地区，一般选择原池越冬，越冬时需将水深控制在2.5～3.5米，冰下深度要求在2米以上；当水温降低到0 ℃时，可能会使团头鲂冻伤，此时可对水体加温或注入深井水，使水温控制在1 ℃以上；也可选择在温室内越冬。南方地区一般不存在越冬问题。

（2）越冬池　越冬可采用土池或水泥池，越冬池的形状以圆形或方形皆可，温室内越冬池面积以50～100米^{2}为宜，深1.5米左右。室外越冬池面积以1 000～2 000米^{2}为宜，水深2.5米以上。鱼进入越冬池前，越冬池应清污，用30×10^{-6}的漂白粉全池泼洒消毒。

（3）越冬时间　秋季室外水温降至10 ℃前将鱼移至越冬池，春季室外水温回升并稳定在10 ℃以上后，可将鱼移出越冬池。

（4）越冬鱼选择　体格健壮，体态匀称，规格整齐，无伤无病。越冬鱼的密度应控制在1 300～1 800千克/亩。

（二）主要病害防治方法

1. 细菌性疾病

（1）细菌性出血病

病原体：主要为嗜水气单胞菌。

主要症状：鱼体体表外观暗黑，带微红色。上下颌、鳃盖、鳍基部、鱼体两侧和眼睛周围充血，肛门红肿，腹部膨大，肠道充血，腹腔内有淡黄色积液，肝脏、脾脏等肿大。感染力强，死亡率高。

流行季节：每年5—10月，水温在25～30 ℃时最易发病。

防治方法：①池塘在投放鱼种之前，先用生石灰或漂白粉彻底消毒。②发病池塘全池泼洒 0.3~0.5 毫克/升二氧化氯消毒。③选用优质饲料，在饲料中添加复合维生素等免疫增强剂，适量投饵，增加鱼体自身抗病能力。

（2）细菌性肠炎

病原体：点状产气单胞菌。

主要症状：病鱼肛门红肿，肠道充满黄色积液，肠道内基本无食物，肠黏膜细胞往往溃烂脱落，有些鱼体内脏肿大，颜色淡黄。

流行季节：每年 6—9 月，水温 20~30 ℃时易患此病，一般不会大规模发病。

防治方法：①0.5~1 毫克/升漂白粉全池遍洒，或用生石灰全池遍洒，水深 1.5 米，每亩用 15 千克，一般每月泼洒 1~2 次。②病鱼的治疗可在每 100 千克饲料中添加大蒜 5 千克，每天投喂 2 次，连续投喂 3 天。或每 100 千克鱼投喂磺胺脒 5~8 克，每天 1 次，连续投喂 6 天。

（3）打印病

病原体：点状产气单胞菌。

主要症状：病鱼肛门两侧或尾柄部位的皮肤、肌肉开始发炎，出现红斑，有时似脓疱状。随着病情发展，该部位的鳞片脱落，肌肉逐渐腐烂，形成边缘充血发红、呈圆形或椭圆形病灶，类似于红色印记。病鱼身体瘦弱，游泳迟钝；发病严重时，可陆续出现死亡。

流行季节：一年四季均可发生，春季和冬季较为严重。

防治方法：①经常适量加注新水，保持水质清新。②在拉网和运输时操作要细心，避免鱼体受到伤害。③池塘在放鱼前用生石灰或二氧化氯彻底清塘。④发病季节用浓度为 0.3~0.5 毫克/升的二氧化氯全池泼洒。

2. 霉菌病

（1）鳃霉病

病原体：鳃霉。

主要症状：病鱼鳃瓣失去正常鲜红色，而呈粉红色或苍白色。菌丝不断向鳃组织里生长，破坏鳃组织，堵塞血管，使鱼的呼吸功能受到阻塞。

流行季节：5—10 月的夏秋两季最为流行。

防治方法：保持水质清新，防止水质恶化。用混合堆肥代替直接下池沤制的大草肥和粪肥，培育优质鱼苗鱼种。用生石灰清塘，将二氧化氯溶液全池泼洒，有极好的效果。

（2）水霉病

病原体：水霉。

主要症状：菌丝与伤口的细胞组织黏附，使鱼体组织坏死，游泳失衡，食欲减退，瘦弱而死。

流行季节：以早春和晚冬温度低时最为流行。

防治方法：用生石灰75～100千克/亩清塘可有效减少此病发生。拉网起捕、运输时要小心，勿使鱼受伤。发病鱼体可以用0.04％～0.05％浓度的食盐水浸泡。

3. 寄生虫病

（1）车轮虫病

病原体：车轮虫。

主要症状：主要危害团头鲂夏花和1龄鱼种，少量寄生时，没有明显症状；严重感染时，可引起寄生处黏液增多，鱼苗、鱼种游动缓慢，因呼吸困难而死。

流行季节：5—8月最为流行。

防治方法：用硫酸铜、硫酸亚铁合剂（5∶2）配成混合溶液泼洒，硫酸铜用量0.5克/米^3。使用时水体测量准确，硫酸铜含量98％以上，否则影响治疗效果。用药后开增氧机2小时以上。

（2）指环虫病

病原体：鳃片指环虫。

主要症状：少量寄生时引起组织损伤，鳃毛细血管充血。大量寄生时引起鳃丝肿胀、鳃上有大量黏液影响呼吸，鱼摄食下降。

流行季节：初夏和秋末，水温20～25℃时易流行。

防治方法：①鱼种投放前用生石灰75～100千克/亩彻底清塘。②鱼种放养前用20克/米^{3}高锰酸钾水溶液或5克/米^{3}的晶体敌百虫面碱合剂（5∶3）浸泡15～25分钟，杀死鱼种身上的指环虫。③发病后用90％晶体敌百虫0.3～0.5毫克/升全池泼洒。

（3）锚头鳋病

病原体：锚头鳋。

主要症状：病鱼的鳃及体表寄生锚头鳋，伴随点状出血。

流行季节：5—10月，水温在15～30℃均有发生。

防治方法：用90％晶体敌百虫0.3～0.5毫克/升全池泼洒，再用0.5毫克/升二氧化氯全池泼洒，每周一次，连用三次。用药后开增氧机2小时以上。

（4）绦虫病

病原体：九江头槽绦虫。

主要症状：病鱼日渐消瘦，生长停滞，肠道内有绦虫。

流行季节：一般在育苗初期开始流行。

防治方法：①鱼种投放前用生石灰75～100千克/亩彻底清塘，杀死绦虫卵和剑水蚤等中间宿主。②用90%晶体敌百虫0.3～0.5毫克/升全池泼洒。③利用吡喹酮等药物拌饵投喂，吡喹酮含量0.1%，连续两天，治疗效果较好。

四、育种和种苗供应单位

（一）育种单位

1. 上海海洋大学

地址和邮编：上海市浦东新区沪城环路999号，201306

联系人：邹曙明

电话：021-61900345

2. 上海淀原水产良种场

地址和邮编：上海市青浦区莲钱路25号，201722

联系人：张杰

电话：13482205065

（二）种苗供应单位

1. 上海海洋大学

地址和邮编：上海市浦东新区沪城环路999号，201306

联系人：邹曙明

电话：021-61900345，15692165265，13122306587

2. 上海淀原水产良种场

地址和邮编：上海市青浦区莲钱路25号，201722

联系人：郑国栋

电话：13122306587

3. 江苏滆湖团头鲂良种场

地址和邮编：常州市武进区前黄镇坊前村，213100

联系人：杨连飞

电话：13685267985

4. 安徽国营凤台县良种场

地址和邮编：安徽省淮南市凤台县城关镇，232101

联系人：李斌

电话：13805441523

五、编写人员名单

邹曙明，郑国栋，陈杰

中国对虾"黄海4号"

一、品种概况

(一) 培育背景

中国对虾（*Fenneropenaeus chinensis*）又称东方对虾，俗称对虾、明虾，属节肢动物门（Arthropoda）、甲壳纲（Crustacea）、十足目（Decapoda）、对虾科（Penaeidae）、明对虾属（*Fenneropenaeus*），是我国近海地方性特有种，主要分布于黄渤海（包括朝鲜西岸），东海北部的嵊泗列岛和舟山群岛（少）一带。中国对虾属广温、广盐性、一年生暖水性大型洄游虾类，在黄渤海区有明显的洄游习性，分为越冬洄游和生殖洄游。产卵期在4—6月间，怀卵量30万~100万粒。幼虾以小型甲壳类如介形类、糠虾类、桡足类等为主要食物，成虾主要以底栖甲壳类、多毛类及鱼类等为食。

中国对虾养殖区域主要分布在我国长江以北的江苏、山东、天津、河北和辽宁等黄渤海沿岸地区，年养殖面积30万~40万亩，养殖产量4万~5万吨，在扩大渔民就业、增加渔民收入和繁荣农村经济方面发挥了重要作用。近年来养殖水环境的污染、频繁的极端天气严重影响着中国对虾的生长环境，严重的养殖环境因子的胁迫使中国对虾的生长发育受到抑制，导致对虾减产甚至死亡。pH胁迫作为对虾养殖中主要胁迫因子之一，是水体中化学因子和生命活动的综合反映。养殖水体日益富营养化、持续高温和光照强度大，使水体中藻类光合作用增强，造成养殖过程中pH升高，影响中国对虾的正常摄食和生长，使其感染疾病的概率增加。因此，发掘具有优异抗逆性的中国对虾种质材料，培育耐高pH胁迫、养殖成活率高和养殖产量高的中国对虾新品种，是当前对虾育种工作的首要任务之一。

(二) 育种过程

1. 亲本来源

亲本来源于中国水产科学研究院黄海水产研究所培育的中国对虾"黄海1号"和"黄海3号"保种群，其中"黄海1号"具生长速度快性状，"黄海3

号"具耐氨氮胁迫能力强性状。2011 年 11 月收集中国对虾"黄海 1 号"亲虾 5 100 尾、"黄海 3 号"亲虾 4 500 尾，共计 9 600 尾混合后组建基础群体开始选育。

2. 技术路线

2011 年 11 月收集中国对虾"黄海 1 号"和"黄海 3 号"2 个群体的亲虾，混合后组建基础群体，每年对选育群体在达到放苗规格（体长约 1.0 厘米）时进行耐高 pH 胁迫选择，以不同选育世代的耐高 pH 胁迫成活率和收获体重为选育指标进行连续选育，每年选育 1 代。经过连续 5 代的群体选育，形成特征明显、性状稳定的中国对虾新品种，对新品种进行连续两年的生产性养殖对比试验，并进行示范养殖和推广（图 1）。

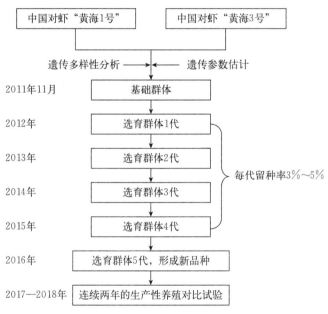

图 1　中国对虾"黄海 4 号"育种技术路线

3. 选育过程

2011 年 11 月收集中国对虾"黄海 1 号"亲虾 5 100 尾和"黄海 3 号"亲虾 4 500 尾，共计 9 600 尾作为基础群体开始选育。

2012 年开始采用群体选育对基础群体进行选育，以耐高 pH 胁迫、成活率和收获体重为选育指标进行选育，每年选育 1 代，每年进行 2 次人工选择。第 1 次选择：每年对选育群体进行多批次幼体繁育，待幼体发育至体长 1.0 厘米仔虾时，对每一批次的仔虾用 pH 9.2（中国对虾仔虾 72 小时的半数致死值）进行胁迫，留种率控制在3‰～5‰；第2次选择：每代选育群体在养殖池中自然交尾后，收获时以平均个体重为选育指标，从中挑选已交尾的雌虾进行留种与越冬，留种率控制在3‰～5‰。将存活的个体放入室外养殖池，相同条件下进行养殖和管理，养殖密度6 000尾/亩。

2016年经过连续5代群体选育，形成了特征明显、性状稳定的新品种，具有耐高pH胁迫、生长速度快、养殖成活率高和规格整齐等优势，即中国对虾"黄海4号"。

（三）品种特性和中试情况

1. 新品种形态特征

中国对虾"黄海4号"具有典型的中国对虾形态特征（图2），身体侧扁，甲壳较薄，体表光滑，分为头胸部和腹部两部分。额角上缘基部具7～8齿，末端尖细无齿；下缘具3～4齿，下缘齿较小。雄虾第1腹肢的内肢变形特化成交接器，略呈钟形。雌虾第4对和第5对步足之间基部的腹甲上有一圆盘状交接器，为纳精囊。第1触角上触鞭长度约为头胸甲的1.35倍，下触鞭长度约为头胸甲的0.66倍，与额角相等。第2触角鳞片末缘超出第1触角柄但不及额角的末端，其触鞭很长，约为体长的2.6倍。腹部第4节至第6节背部中央具有纵脊，第6节长约为高的1.4倍。尾节长度微短于第6节，其末端甚尖，两侧无活动刺。眼胃脊明显，占自眼眶边缘至肝刺间距离的3/5。

图2　中国对虾"黄海4号"外部形态特征

2. 优良性状

（1）耐高pH胁迫　相同养殖条件下，中国对虾"黄海4号"新品种耐高pH胁迫能力分别较"黄海1号"和"黄海3号"提高32.2%和16.3%，显著提高了对养殖水体环境变化的适应力。

（2）生长速度快，养殖成活率高　相同养殖条件下，中国对虾"黄海4号"新品种收获体重分别较"黄海1号"和"黄海3号"平均提高5.1%和10.7%，养殖成活率分别提高20.3%和13.6%。

（3）养殖亩产量高，规格整齐　相同养殖条件下，养殖亩产量分别较"黄海1号"和"黄海3号"提高26.4%和25.7%。新品种收获时体重变异系数<10%。

（4）收获个体规格大　可作为大规格中国对虾优良新品种进行养殖。

3. 中试情况

为了评估新品种的生产性状，2016年起，根据中国对虾"黄海4号"新品种的性状特点，在江苏、山东、河北和辽宁等沿海地区选择有代表性的养殖区域进行了中间试验，取得了良好的经济效益。2016—2018年在江苏连云港、山东日照和潍坊、河北唐山以及辽宁盘锦等地区示范养殖面积7 760亩，平均亩产量较其他商品品种提高14~20千克，累计新增产量126 884千克，新增产值1 306.3万元，经济效益明显。

表1　2016—2018年新品种示范养殖情况

承试单位	示范养殖面积（亩）	新增产量（千克）	新增产值（万元）
连云港日禾水产养殖有限公司	420	5 870	68.2
日照市东港区渔业技术推广站	2 710	37 050	370.5
昌邑市兴海虾蟹养殖专业合作社	1 530	28 665	257.9
中国水产科学研究院下营增殖实验站	260	5 187	50.9
唐山市曹妃甸区农林畜牧水产技术推广站	2 310	42 410	466.4
辽宁每日农业集团有限公司	530	7 702	92.4
合计	7 760	126 884	1 306.3

二、人工繁殖技术

（一）亲本选择与培育

1. 亲虾来源

中国对虾"黄海4号"新品种亲虾保存在特定的良种保持基地，亲虾为经选育性状优良、遗传稳定、适合扩繁推广的群体。

2. 亲虾选择

选择体质健壮、无外伤、纳精囊洁白饱满、体长大于16厘米、体重大于45克的交尾亲虾。卵巢宽大，色泽深褐，性腺发育良好，卵巢前叶饱满，第1

腹节处卵巢向两侧下垂。对白斑综合征、对虾肝胰腺细小病毒病和传染性皮下及造血组织坏死病毒病等定期检验检疫，淘汰不合格亲虾。

3. 亲虾培育

（1）亲虾培育池　11月上旬将亲虾移至室内培育池，面积30～50米^{2}为宜，水深0.8～1.2米。亲虾入室前应对培育池、工具等进行严格地消毒。越冬期间，亲虾密度一般控制在8～10尾/米^2。

（2）水温和光照调控控制　亲虾入池初期，让水温自然下降，降至8℃时开始升温，冬季水温保持在8～10℃，应保持水温的稳定，日温差不要超过1℃，特别在换水时温差不能太大，应把水预热至培育水温时，再加入培育池。越冬期间应减少光照强度，使光照强度控制在500勒克斯以下。

（3）亲虾饵料　越冬期的饵料以活沙蚕效果最好，按亲虾体重的3%～5%进行投喂，并根据具体摄食情况进行增减。日投饵2次，上午投1/3，傍晚投2/3，每日清除残饵。

（4）越冬管理　盐度23～35，突变盐差不超过3；氨氮含量应在0.5毫克/升以下；溶解氧在5毫克/升以上；化学耗氧量2毫克/升以下；重金属及其他污染物含量符合渔业水质标准。每日换水30%～50%，所换新水是经过预热池预热的，同时吸出池底残饵和粪便，预防纤毛虫等的寄生。一切操作应尽量减少对亲虾的惊动。在培育池污染严重时，应进行倒池。

（二）人工繁殖

从越冬存活的亲虾中挑选健康、无病及性腺发育良好的亲虾放入产卵池内充气，投喂沙蚕、贝肉等新鲜的饵料，产卵池亲虾的密度控制在12～15尾/米^2。产卵池的水温控制在14～16℃，最高不能超过18℃，有利于亲虾的性腺发育。产卵池的充气量不易过大，控制中等气量充气，以防冲破卵膜。

对虾卵子使用经有效氯含量达0.2～0.3毫克/升的含氯消毒剂处理且不含余氯的沙滤水充分清洗，并去除对虾粪便、残饵等污物后方可进入孵化池孵化。设专用孵化池，孵化用水也需经消毒处理。孵化结束后，待死卵及污物全部沉于池底后，用虹吸法吸取表层幼体，底部不活跃幼体及未孵化卵舍弃。集取的无节幼体经有效碘浓度为5毫克/升PVP碘消毒处理30秒，再经消毒海水清洗1～2分钟后移入苗种培育池培养。

（三）苗种培育

1. 水源水质

生产用水应经沉淀、沙滤净化处理后使用。

2. 苗种培育池

幼体培育池为室内水泥池，体积一般控制在 30~40 米³，水深 1.5 米，池形为长方形，池壁标出水深刻度线，有进排水、滤水、加温和充气设备，能控制温度，保证水体溶解氧充足。幼体培育前应对培育池消毒，用 6.0 毫克/升的漂白粉或 20 毫克/升的高锰酸钾浸泡 24 小时，然后冲洗干净，干露 1~2 天，使用前再用干净海水冲洗一次。

3. 苗种培育管理

无节幼体放养密度应根据育苗池的条件而定，一般为 20 万~30 万尾/米³。培育水温 22~26 ℃。幼体各发育期充气量：无节幼体阶段水面呈微沸状；溞状幼体阶段呈弱沸腾状；糠虾幼体阶段呈沸腾状；仔虾阶段呈强沸腾状。

从无节幼体阶段到仔虾阶段，培育池的光照强度可从弱到强逐渐增强，溞状幼体至糠虾幼体通常为 200~500 勒克斯，仔虾阶段至虾苗出池通常为 500~1 000 勒克斯。

投饵量应根据幼体的摄食状况、活动情况、生长发育、幼体密度、水中饵料密度和水质等情况灵活调整。溞状幼体以单胞藻为主，使水中藻细胞浓度达到 15 万~20 万个/毫升；糠虾以小卤虫为主，单胞藻浓度维持在 10 万个/毫升，直至全部变为仔虾幼体。

苗种培育期间，水体 pH 控制在 7.8~8.2；盐度 26~35；化学耗氧量 5 毫克/升以下；氨氮含量 0.5 毫克/升以下；亚硝酸盐氮含量低于 0.1 毫克/升；溶解氧含量大于 5 毫克/升。无节幼体不换水，到溞状幼体期采用加水法，每天加 10 厘米的新鲜海水至满池；溞状幼体Ⅱ、Ⅲ期（$Z_{2\sim3}$）开始换水，每日换水量 10 厘米；糠虾幼体期（M）每日换水量 20 厘米；仔虾幼体期（P）每日换水量 30 厘米，分两次换水。换水网箱每隔 2~3 日要清洗一次，并用含氯消毒剂溶液消毒 30 分钟，清水洗净后晒干待用。

4. 虾苗的运输

中国对虾苗全长达 1 厘米以上时，就可以对外销售和运输。以双层塑料袋（苗种袋）运输方法为最好：使用容量为 5 升的双层塑料袋，装水 1/2，可运输全长 1 厘米虾苗 2 万~3 万尾。充入氧气，20 ℃左右可经 10~15 小时运输。

三、健康养殖技术

（一）海水池塘生态养殖模式和配套技术

1. 养殖池

养殖池适宜面积为 30~50 亩，池形为长方形、正方形或圆形。长方形长宽比不应大于3∶2。池深2.5~3米，养殖期可保持水深2米以上。池底平整，向排水口略倾斜，比降0.2‰，做到池底积水可自流排干，以利晒池和清洁处理池底。养殖池相对两端设进、排水设施。排水闸宽度为0.5米，兼作收虾用，闸室设三道闸槽，中槽设闸板，内槽安装挡网，外槽安装出虾网。闸底要低于池内最低处20厘米以上，以利排水，闸门密闭性好。排水闸上部设活动闸板，以备暴雨时排表层淡水。养殖池进水通常采用管道或渠从池坝上进水，紧贴池壁修导流槽，以免冲刷堤坝。养殖池进水口处设两道闸槽，一个用以设滤水网，另一个设挡水板。

2. 放苗前的准备

（1）清污整池　收虾之后，应将虾池及蓄水池、沟渠等积水排净，封闸晒池，维修堤坝、闸门，并清除池底的污物杂物，特别要清除丝状藻。沉积物较厚的地方，清除后应翻耕暴晒或反复冲洗，促进有机物分解排出池外。

（2）消毒除害　清污整池之后，必须清除不利于对虾生长的敌害生物、致病生物及携带病原的中间宿主。消毒药物，严禁使用已失效、对人畜有毒害的药品。通常可将池内水排至10~20厘米，药物溶于水后全池均匀泼洒。漂白粉：每立方米水体加入含有效氯25%~32%的漂白粉100克。

（3）纳水及繁殖基础饵料　清池1~2天后，可开始纳水，同时要重新培养基础生物饵料。在我国北方地区，水温在20℃以下时需20~30天；在我国南方地区，水温在20℃以上时通常10天左右即可达到放苗要求。施肥时，不得使用未经国家或省级部门登记的化学或生物肥料。

（4）放苗条件　养成池水深应达1米以上，水质肥沃，生物饵料要以绿藻、硅藻、金藻类为主，水色为黄绿色、黄褐色、绿色。透明度在30厘米左右；水温达14℃以上为宜；盐度为32以下，池水盐度与虾苗培育池盐度差不应超过5；养殖池水pH在7.8~8.6。大风、暴雨天不宜放苗。

（5）放苗密度　可根据养殖条件适当增加或减少放苗量，通常每亩放养体长1厘米中国对虾新品种虾苗6 000~10 000尾；体长2.5~3厘米的虾苗，亩放苗量为3 000~5 000尾。

3. 养殖管理

（1）换水　养殖前期可不换水，每日少量添加水（3~5厘米），直到水位达2米，保持水位。养殖中后期，采取少换缓换的方式，日换水量控制在5~10厘米。整个养殖期要保持水位在2米或2米以上，严防渗漏。

（2）使用增氧机　在正常情况下，放苗以后的30天内，每天开机两次，在中午及黎明前开机1~2小时；养殖30~60天后可根据需要延长开机时间；养殖90天后，由于水体自身污染加大，对虾总重量增加，需要全天开机。在阴天、下雨天均应增加开机时间和次数，使水中的溶解氧始终维持在5毫克/

升以上。

(3) 使用益生菌制剂和消毒剂　养殖过程中，应按期经常使用光合细菌及其他有益的微生物制剂。在水温较高的7—8月，为降低水环境中的病原微生物数量，每7～10天可使用一次漂白粉（0.5～1.0毫克/升），如用二氧化氯等含氯消毒剂，应按生产单位提供的使用说明使用。可适量使用药饵，建议使用抗菌抗病毒的中草药制作药饵。

(4) 饲料投喂　投喂次数：放苗后的第一个月，通常日投喂次数可安排4次，随着对虾生长，投饲量加大，适当调整投喂次数。上午投喂量约占全天投喂量的40%，下午为60%。投喂量与投喂方法：常规饲料日投喂率为3%～5%，鲜杂鱼日投喂率为7%～10%。一般较好的配合饲料，可以按照饲料系数1.5控制总投喂量，有的饲料系数可降至1.2～1.3。

(5) 日常检测　每日凌晨及傍晚巡池一次，每天在凌晨及傍晚测量水温、溶解氧、pH、透明度、盐度等水质因子。经常进行病毒病原检测，发现有患病对虾应立即处理。采用多点抛网取样的方法，每5～10天测量一次中国对虾生长情况，每次测量随机取样不得少于50尾，定期估测池内中国对虾尾数。

4. 收获

一般中国对虾体长达到14厘米以上即可收获。

（二）主要病害防治方法

中国对虾养殖过程中常见的疾病主要有白斑综合征、肝胰腺细小病毒病、传染性皮下和造血组织坏死病及红腿病等。

1. 白斑综合征

(1) 主要病原　白斑综合征病毒（WSSV）。

(2) 主要症状　发病虾厌食，空胃，行动缓慢，弹跳无力，静卧不动或在水面兜圈。头胸甲易剥离，甲壳上有十分明显的白斑，鳃水肿，肝胰腺肿大，对外界反应不敏感，对虾血淋巴不凝结，血细胞数量减少。通常从发现病虾到大规模死亡历时一周左右，特别是暴雨后容易出现大量急性死亡。

(3) 流行季节　北方一般在6月中上旬开始发病，对虾体长5～7厘米左右，养殖池对虾死亡率高达90%以上。

(4) 防治方法　以预防为主。繁殖时选用经检疫不带病原的健康虾作为亲虾。做好水体消毒，每立方米水体使用1.8%～2.0%（活性碘）复合碘溶液0.1毫升，或每亩水体（水深1米）用66.7毫升兑水后全池泼洒。

2. 肝胰腺细小病毒病

(1) 主要病原　肝胰腺细小病毒（HPV）。

(2) 主要症状　病虾无特有症状，只是食欲不振，行动不活泼，生长缓慢，体表附着物增多，偶然发现尾部肌肉变白。幼虾出现这些症状后很快死亡，有时会有继发性细菌或真菌感染。

（3）流行季节　幼体期病情较重，死亡率在50%～90%。

（4）防治方法　预防为主。严格检疫，杜绝病原从亲虾或苗种带入。使用无病毒污染且经过过滤、消毒的海水。养虾池彻底清淤、消毒。稳定虾池理化因子和藻相，投放环境保护剂和有益细菌或活性生物制剂。饲料中添加0.2%～0.3%维生素C。保持虾池环境稳定，加强巡池观察，不采用大排大灌换水法等。

3. 传染性皮下和造血组织坏死病

（1）主要病因　传染性皮下和造血组织坏死病毒（IHHNV）。

（2）主要症状　病虾摄食量明显减少，继而出现行为及外观异常。患病对虾缓慢上升到水面，静止不动，然后翻转腹部向上，并缓慢沉到水底（这种行为可反复进行并持续数小时），直到无力继续下去而死亡或被其他虾吞食。

（3）流行季节　对幼虾危害较大，养殖水体中养殖密度过大和水质恶化如低氧、高温、高氨氮和高硝酸盐等条件会激发低水平感染IHHNV对虾表现出症状，并使病原由携带者传播给健康虾，导致疾病的流行及感染程度加重。

（4）防治方法　加强对虾的检疫，坚持以防为主的方针，对发病虾场及设施要进行彻底消毒；用SPF亲虾繁育；加大虾池及沟底水深，使之达到1.5米以上；保持一定换水量，控制虾苗及成虾养殖密度；发病季节注意及时镜检、观察并采取应对措施，加强管理；从亲虾到苗种，都尽可能采纳不带病原的对虾。

4. 红腿病

（1）主要病因　已报道的病原有副溶血弧菌、鳗弧菌、溶藻弧菌、哈维氏弧菌、气单胞菌和假单胞菌等革兰氏染色阴性杆菌。

（2）主要症状　最显著的外观表现为步足、游泳足、尾扇和触角等变为微红或鲜红色，以游泳足的内外边缘最为明显。有时，头部的鳃丝也会变黄或者呈现粉红色，严重者鳃丝溃烂。病虾一般在池边缓慢游动或潜伏于岸边，行动呆滞，在水中做旋转活动或上下垂直游动，不久即出现大量死亡。

（3）流行季节　流行季节为6—10月，8—9月最常发生，南方可持续到11月。

（4）防治方法　用生石灰、漂白粉或含氯消毒剂消毒。高温季节根据池底和水质情况，每亩水面可泼洒生石灰5～15千克。每日一次、每千克虾拌饵投喂氟苯尼考粉（氟苯尼考计10%）0.1～0.15克，连用3～5天。大蒜按饲料重量的1%～2%，去皮捣烂，加入少量清水搅匀，拌入配合饲料中，待药液完全吸收后，连续投喂3～5天。

四、育种和种苗供应单位

（一）育种单位

1. 中国水产科学研究院黄海水产研究所

地址和邮编：山东省青岛市南京路 106 号，266071

联系人：李健

电话：0532-85830183

2. 昌邑市海丰水产养殖有限责任公司

地址和邮编：山东省昌邑市下营港北 5 千米，261300

联系人：王学忠

电话：13606467398

3. 日照海辰水产有限公司

地址和邮编：日照市东港区涛雒镇小海村，276805

联系人：王培春

电话：13066058199

（二）种苗供应单位

1. 昌邑市海丰水产养殖有限责任公司

地址和邮编：山东省昌邑市下营港北 5 千米，261300

联系人：王学忠

电话：13606467398

2. 日照海辰水产有限公司

地址和邮编：日照市东港区涛雒镇小海村，276805

联系人：王培春

电话：13066058199

五、编写人员名单

李健，何玉英，王清印，常志强，王琼，王学忠，王培春

缢蛏"甬乐1号"

一、品种概况

(一)培育背景

缢蛏（*Sinonovacula constricta*）俗称蛏子、青子等，是我国四大海水养殖贝类之一，广泛分布于我国南北沿海滩涂，在浙江、福建两省的贝类养殖中具有相当重要的地位。缢蛏肉味鲜美、营养丰富、出肉率高，既能鲜食还能制成蛏干、蛏油，是沿海居民喜食的海鲜佳品。缢蛏养殖具有生长快、生产周期短、成本低、产量高、投资少、见效快、效益高等诸多优点。近年来，随着缢蛏人工育苗技术的成熟和推广，其养殖业呈快速稳定发展趋势，养殖区域从浙江、福建向江苏、山东、广东等省份迅速扩展，发展前景十分广阔。据统计，2018年全国缢蛏养殖面积为507 508公顷，总产量达85.29万吨（中国渔业统计年鉴2019年数据），总产值200多亿元。然而，近年来水环境恶化、极端气候条件增多、病害频发和种质退化等导致养殖贝类暴发性死亡事件频现，亟须培育抗逆力强、肉质优良的缢蛏新品种以满足产业发展的迫切需求。

缢蛏遗传育种工作从"十一五"开始起步，经过十余年的努力，建立了较为完整的育种技术体系，积累了一批可用于良种培育的重要材料；构建了缢蛏的cDNA文库、转录组文库，筛查和挖掘了许多与生长、免疫、抗病相关的功能基因，规模化地开发了SSR、SNP分子标记；评价了主要地理群体和选育群体的遗传结构，为缢蛏育种亲本的鉴别、育种进程的监控等提供了技术手段；2017年上海海洋大学培育出缢蛏"申浙1号"新品种（品种登记号：GS-01-013-2017）。上述这些技术储备和材料体系建设，为选育出生长快、抗逆性强等优良性状的缢蛏新品种奠定了坚实的基础。

(二)育种过程

1. 亲本来源

2012年4—5月从福州长乐沿海收集缢蛏野生群体，发现其个体健壮肥美、色泽鲜亮。2012年9月从该地约5 000粒缢蛏中挑选出1 000粒1龄成贝，在浙江构建了规模为1 000粒1龄亲贝的育种基础群体，湿重在10~18克的个体占到群体的69.2%。检测了未选育群体（150粒，分3组）的耐低盐能力，在盐度5的胁迫下，半致死时间约为108小时（4.5天）。

2. 技术路线

缢蛏"甬乐1号"新品种培育的技术路线见图1。

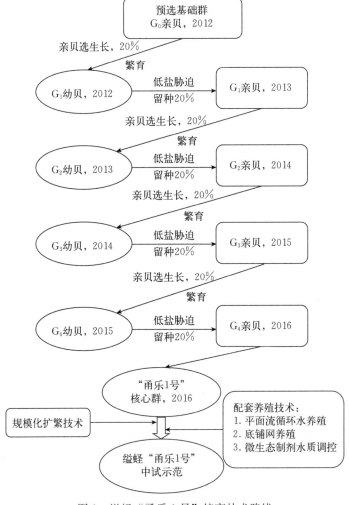

图1 缢蛏"甬乐1号"培育技术路线

3. 培育过程

2012—2016年，针对生长和耐低盐能力两个目标性状进行选留，连续采用闭锁群体内个体选育方法，生长性状以亲贝活体重为指标，选择活体重最高的20%个体留种;耐低盐性状以盐度3.0左右胁迫3天后的活力状态为标准,选择活力好的20%个体留种。2016年9月,从选育群体中优选20 000粒性状优良的亲本进行繁育,构建了"甬乐1号"的核心群体,并完成G_4选育和扩繁。

2016—2019年,开展中试养殖示范试验,核心群体的遗传性状稳定,生长性状得到明显提高,选择反应非常明显,不同地区、不同年度对比养殖试验表明"甬乐1号"比未选育养殖群体商品贝增产41.07%～48.11%。

(三) 品种特性和中试情况

1. 新品种的特有特征和优良性状

(1) 形态特征 贝壳脆而薄,呈长圆柱形(图2),高度约为长度的1/3,宽度为长度的1/5～1/4。背、腹缘近于平行。壳顶位于背面靠前方的1/4处,自壳顶至腹面具有显著的距离不等的生长纹,壳顶后缘有棕黑色纺锤状的韧带,韧带短而突出。从壳顶起斜向腹缘的中央部有一道凹沟。左壳上具有3个主齿,右壳有2个斜齿主齿。外套痕明显,呈Y形,在水管附着肌的后方为U形弯曲的外套窦。壳面被有一层黄绿色壳皮,顶部壳皮常脱落而呈白色。足发达,末端呈椭圆形跖面。水管两个,非常发达,进水管比出水管粗长。

图2 缢蛏"甬乐1号"外形

(2) 生长性状 "甬乐1号"品系和未选育种群8月龄生长情况对比见图3。

10月龄"甬乐1号"壳长(52.14±3.63)毫米,壳宽(13.09±1.16)毫米,湿重(8.33±1.82)克,较未选育种群平均增产70.4%。

14月龄"甬乐1号"壳长(61.63±3.69)毫米,壳高(19.53±2.26)毫米,壳宽(15.28±2.35)毫米,湿重(14.08±2.11)克,各性状变异系数

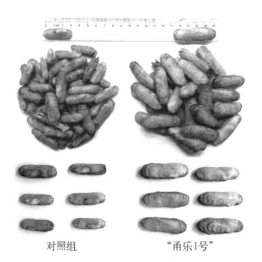

对照组　　　　　"甬乐1号"

图3　缢蛏"甬乐1号"品系和对照群体8月龄生长情况对比

显著缩小，较未选育种群平均增产44.0%。

（3）耐低盐性状　在盐度3胁迫下，"甬乐1号"成活率较未选育群体提高27.6%。

（4）分子遗传学特征　"甬乐1号"群体显示出较高的遗传多样性和杂合度，SSR标记多态信息含量为0.439，观测杂合度为0.607，期望杂合度为0.507，与野生群体相比无显著差异。

2. 中试选点情况

自2016年开展缢蛏"甬乐1号"苗种的规模化繁育以来，养殖户对这一新兴养殖品种表现出浓厚兴趣，订购选育的"甬乐1号"进行试养的订单较之前品种大幅增加，试养结果普遍反映"甬乐1号"较未选育群体生长快、耐低盐能力强、成活率高，可以提早上市销售、缩短养殖周期，并且养成的商品贝个体大、规格均匀、售价高，取得了较好的经济效益。

为了进一步准确了解"甬乐1号"的生产性能优势和经济效益，2016—2018年，在浙江宁波、台州，福建漳州，江苏连云港等缢蛏主产区挑选了若干在当地有较大影响力的水产企业，采用委托测试的办法开展了本品种的中间试验，为企业提供优质大规格苗种，并全程提供了养殖技术指导。

选择企业包括浙江省宁波市宁海县宜鑫水产专业合作社，台州市临海市桃渚镇浙江宏野海产品有限公司、三门县大金山水产品专业合作社；福建省漳州市龙海市瑞泉水产专业合作社；江苏省连云港市众创水产养殖有限公司。主要养殖模式为池塘养殖。

3. 试验方法和结果

（1）2016—2017年缢蛏"甬乐1号"中试示范 2017年3月20日，在浙江宏野海产品有限公司的池塘放养缢蛏"甬乐1号"苗种，放养规格为壳长（13.22±1.37）毫米、壳高（5.05±0.51）毫米，放养面积100亩，设对照养殖面积20亩，以福建长乐群体未选育人工苗种同塘养殖对比。3月22日，在三门县大金山水产品专业合作社对缢蛏"甬乐1号"进行了养殖生产性能试验，放养苗种规格为壳长（13.27±1.43）毫米、壳高（5.10±0.87）毫米，放养面积100亩，设对照养殖面积10亩，同塘养殖对比。

经过9个月的养成（15月龄），缢蛏"甬乐1号"全部达到商品规格，而且此时缢蛏性腺退化、体质恢复，且肉质鲜美、售价较高，适合上市。于2017年12月进行收获，并就"甬乐1号"和对照群体缢蛏现场随机抽样，对壳长、壳高、壳宽和体重等经济性状进行了测量和统计。结果显示，浙江宏野海产品有限公司的缢蛏"甬乐1号"生长良好，生长性状为平均壳长57.84毫米、平均壳高19.13毫米、平均湿重9.72克，比对照组增产41.07%。三门县大金山水产品专业合作社的缢蛏"甬乐1号"生长良好，生长性状为平均壳长53.40毫米、平均壳高18.51毫米、平均湿重9.01克，比对照组平均增重48.11%。综合来看，缢蛏"甬乐1号"比同期对照群体平均增重44.59%。

（2）2017—2019年缢蛏"甬乐1号"中试示范 2018年4月1日，在浙江宏野海产品有限公司的池塘放养缢蛏"甬乐1号"苗种，放养规格为壳长（18.11±1.89）毫米、壳高（7.03±1.31）毫米、壳宽（4.18±0.55）毫米、平均重量0.171克，放养面积240亩，设对照养殖面积30亩，以福建长乐群体未选育人工苗种同塘养殖对比。4月1日，在宜鑫水产专业合作社对缢蛏"甬乐1号"进行了养殖生产性能试验，放养苗种规格为壳长（18.11±1.89）毫米、壳高（7.03±1.31）毫米、壳宽（4.18±0.55）毫米、平均重量0.171克，放养面积75亩，设对照养殖面积25亩，以福建长乐群体未选育人工苗种同塘养殖对比。龙海市瑞泉水产专业合作社放养面积64亩，设对照养殖面积6亩。

经过9个月以上的养成（15月龄），缢蛏"甬乐1号"全部达到商品规格，而且此时缢蛏性腺退化、体质恢复，且肉质鲜美、售价较高，适合上市。浙江宏野海产品有限公司、龙海市瑞泉水产专业合作社于2018年12月底进行收获，并就"甬乐1号"和对照群体缢蛏现场随机抽样，对壳长、壳高、壳宽和体重等经济性状进行了测量和统计。结果显示，浙江宏野海产品有限公司的缢蛏"甬乐1号"生长良好，生长性状为平均壳长59.21毫米、平均壳高20.02毫米、平均湿重10.59克，比对照组增产47.70%；龙海市瑞泉水产专业合作社养殖的缢蛏平均壳长56.47毫米、平均壳高19.04毫米、平均湿重9.72克，比对照组增产41.28%。2019年1月宜鑫水产专业合作社的缢蛏

"甬乐1号"生长良好,生长性状为平均壳长62.38毫米、平均壳高20.19毫米、平均湿重9.01克,比对照组平均增重41.22%。综合来看,缢蛏"甬乐1号"比同期对照群体平均增重43.4%。

自2015年开展缢蛏"甬乐1号"中间试验以来,已培育缢蛏"甬乐1号"优质商品苗种31.2亿粒,分别在浙江宁波、台州,福建漳州以及江苏连云港地区等5家企业进行了中试养殖,养殖方式主要采用虾贝综合养殖,有些企业还采用了虾塘肥水流水养殖等良法技术。4年累计中试养殖1 420亩,生产缢蛏"甬乐1号"商品贝约3 600吨,产值约7 200万元,新增产值1 500多万元。试验养殖地区基本代表了华东地区的缢蛏养殖情况(图4),试验结果能够真实反映缢蛏"甬乐1号"的养殖生产性能。养殖测试结果显示,缢蛏"甬乐1号"新品种具有生长快速、养殖产量高、耐低盐能力强等优点,深受养殖户欢迎。

图4 缢蛏"甬乐1号"收获与上市销售

二、人工繁殖技术

(一)亲本选择与培育

在缢蛏自然繁殖季节前,选择"甬乐1号"1~2龄贝作亲贝,要求入选缢蛏个体形态正常无畸形,壳长6厘米以上,壳表无损伤、无附着物、无寄生虫，抽检解剖性腺饱满，镜检精、卵发育整齐均匀。

（二）人工繁殖

缢蛏"甬乐1号"在浙江的自然繁殖季节在9月中旬到10月下旬，繁殖盛期在9月下旬到10月上旬。繁殖期内一般可多次产卵。

1. 亲贝催产

采用阴干、充气和流水刺激相结合的方法催产（图5）。催产前洗净亲贝，用10毫克/升高锰酸钾溶液浸泡10分钟后，再用沙滤海水冲洗干净。缢蛏有夜间产卵的习性，一般将亲贝阴干2~4小时后，流水或充气刺激2~3小时，成熟个体大多在22:00至翌日06:00产卵、排精。产卵水温应在20℃以上，盐度12~15为宜。

图5　缢蛏的人工催产

2. 幼虫孵化

产卵结束后，搅动水体并持续充气，捞除多余精子及亲贝排泄物凝结成的絮团。持续微充气进行幼虫孵化，孵化密度控制在20~30个/毫升。产卵池即为孵化池，若产卵量过大则需要分池孵化。正常情况下经过8~12小时，受精卵发育到D形幼虫，可用350~500目筛绢网排水收集与清洗D形幼虫，然后将其移入育苗池培育。一般情况下，若亲贝性腺成熟度高，孵化率应达90%以上。

（三）苗种培育

1. 幼虫培育与选优

用常规的缢蛏幼虫培育方法进行培育，注意保持适宜的幼虫密度、充足的饵料和适当的光照。培养池大小一般为30~50米²，可蓄水高度1~1.5米。

（1）幼虫培育最适水温22~26℃，pH 7.8~8.5，盐度12~15。

（2）控制幼虫培育密度，担轮幼虫为15~20个/毫升，D形幼虫为10~

15 个/毫升。

（3）培育期间每天换水 2 次，换水总量 80%。每 2~3 天移池一次。池中连续微量充气，充气石布置密度为 1 个/米^2，保持水体中溶解氧在 5 毫克/升以上。

（4）D 形幼虫期以投喂金藻、角毛藻等新鲜单细胞藻类为主，投喂量为确保水体中藻细胞为 $1×10^4$~$5×10^4$ 个/毫升；壳顶幼虫期后可投喂扁藻，投喂量为确保水体中藻细胞为 $0.5×10^4$~$1×10^4$ 个/毫升。每天投喂 2 次，早晚各一次，均在换水后 1 小时内进行。

（5）每日用显微镜观察幼虫活力、肠胃等情况，并测量幼虫生长情况；监测育苗池水常规水质因子变化，做好相关记录。

（6）可结合移池进行疏苗和幼虫选优，在眼点幼虫附着前进行选优，留取发育快、活力强、个体大的幼虫。

2. 稚贝培育

当幼虫壳长达到 180~200 微米，1/3 个体出现眼点时，用 200 目筛绢网将幼虫移至采苗池附着。采苗池底通常铺以消毒过的泥浆作为附着基，泥浆厚度约 1 毫米。在适口饵料生物充足条件下，水温 25 ℃时 D 形幼虫大约需要 7 天时间完成变态发育成为稚贝。结合采苗，对稚贝进行再次选优，留取先附着、活力强的稚贝，一般只保留投放附着基后 3~5 天内完成变态的个体。

（1）初期稚贝培育密度一般控制在 200 万颗/米^2 以内，随着稚贝的生长，逐渐降低培育密度，一般 5~10 天降低密度 50%。

（2）每日换水一次，日换水量 100% 以上。每隔 4 天倒池一次。

（3）饵料以金藻、角毛藻、扁藻为主，混合投喂最佳。投喂量视稚贝肠胃颜色和水体颜色而定。

（4）每日观察稚贝活力、肠胃饱满程度，测量稚贝生长情况；监测水质常规因子，并做好日常记录。

3. 大规格苗种培育

当稚贝生长至 600 微米，摄食和代谢强度大大增加，应及时将稚贝转入室外滩涂或池塘进行中间培育。

（1）滩涂培育　培苗滩面表层软泥厚度以 5~10 厘米为佳，涂面须经翻耕、挖浅沟、整畦，蓄水至畦面 50~60 厘米。投放贝苗前，用 380~830 微米网袋刮除螺类、蟹类等敌害生物。11 月下旬至 12 月上旬，苗种壳长 2~3 毫米时，放养密度为 4.5 万~9.0 万颗/米^2；12 月中旬至翌年 1 月上旬，苗种壳长 3~5 毫米时，放养密度为 3.0 万~4.5 万颗/米^2。培育期间要经常检查贝苗的成活率和生长情况，定期耘苗，疏松涂质，抹平涂面。

（2）池塘流水集约化培育　平面流装置集约化培育（图 6）是通过提水装置使养殖池塘的水进入蓄水装置，后者放水分流到每个平面水槽，使水流均匀

图6 平面流集约化培育缢蛏大规格苗种

流过置于平面水槽内的贝类苗种，然后由水槽另一端流出，最终流入养殖池塘中。缢蛏摄食对虾尾水中的大量藻类和碎屑，减少水污染。养殖对比试验结果显示，相同密度下较对照土塘养殖平均增重80%～130%。

三、健康养殖技术

（一）健康养殖（生态养殖）模式和配套技术

缢蛏"甬乐1号"适合在浙江、福建、江苏等沿海地区开展人工养殖，主要养殖模式为海水池塘养殖（包括单养和虾贝综合养殖），以池塘虾贝综合养殖最为普遍。

1. 适宜的养殖条件

应选择能自然纳潮、进排水方便的沿海区域。海水盐度15～30、pH 7.8～8.6为宜。池塘面积一般为0.3～2公顷，池深1.5米以上，堤坝坡比以1∶（2～3）为宜，每口塘设置独立的进排水设施，池内建环沟和埕面，涂面以泥质、泥沙质为宜。

2. 池塘虾贝综合养殖技术

（1）放养前准备

① 环沟与埕面建设。根据池塘大小，在离堤1～3米处开挖宽1～5米、深0.5～1米的环沟；在涂面上开挖深约0.3米、宽4.0～4.5米的平底沟，铺设30目左右聚乙烯或尼龙单丝网布后回填0.4～0.5米涂泥；埕面宽3.5～4.0米，两侧留宽0.4～0.5米、深0.3米的浅沟，埕面积一般为池塘面积的25%～35%。将建好的埕面耙细、梳匀，使涂质细腻柔软后用网目2.0～2.5厘米聚乙烯结节网覆盖埕面和埕侧，再在网上覆盖薄泥2～3厘米。

② 安装防逃和滤水设施。在实施池塘进水前，安装好闸门滤网，并检查网框缝隙是否堵塞严密。进水网采用由聚乙烯网布制作的袖子网，排水网采用聚乙烯网布制成的弧形围网，网目均为 60 目。

③ 进水和消毒。一般在 3 月前，首次进水至 0.7～1.2 米，淹过涂面，浸泡 1～2 天后将池水排出，再次进水淹过涂面 0.2～0.4 米，用漂白粉 30 毫克/千克或生石灰 250 毫克/千克进行池水消毒。

④ 池塘基础饵料培育。在播贝苗前 7～10 天，采用生物有机肥培育基础饵料，使水色呈黄绿色或黄褐色，透明度 0.3～0.4 米，并视水色情况适量注水或施追肥。

（2）苗种放养

① 苗种要求。缢蛏"甬乐 1 号"苗要求规格整齐、壳体完整、清洁干净，壳色玉白光鲜；有缢蛏苗种固有的清鲜气味，无异味；活力强、用手触碰蛏苗其立即产生收缩反应；置于滩面很快伸足，钻入泥中。尽量缩短中途运输时间。

虾类一般选择凡纳滨对虾、日本对虾或脊尾白虾。对虾苗要求体长 0.9～1.0 厘米，规格整齐，体表光洁，弹跳有力，健康无病，逆水游动力强，经检疫确定的优质苗种或 SPF 苗种。脊尾白虾苗可采捕野生抱卵虾放入池塘中，让其自繁获得。

② 放苗顺序与时间。通常先放缢蛏"甬乐 1 号"苗种，后放虾苗，根据池塘水温和生产安排，一般间隔 15～30 天。

缢蛏放苗时间为 3 月中旬至 4 月中旬，肥水后放苗。对虾苗宜在 4 月下旬至 5 月上旬放苗，脊尾白虾抱卵虾在 7 月中下旬放养，一般根据潮汐和生产进度确定具体放养时间。

③ 放苗密度。放养缢蛏苗规格 3 000～5 000 颗/千克，放养密度为 300～500 颗/米^2（实寨面积密度），将贝苗均匀地播撒在埕面上，不要撒到环沟中；凡纳滨对虾放养 30 万～45 万尾/公顷，日本对虾放养 15 万～22.5 万尾/公顷，脊尾白虾抱卵亲虾 7.5～15 千克/公顷。

（3）养殖管理

① 水质调节。6 月之前只加水，不换水，保持水深 0.8～1 米；6 月，水温逐渐升高，水位添至 1～1.2 米后开始少量换水，一般每次换水 10%～20%，保持透明度 0.3～0.4 米；7 月水位添至 1.2～1.5 米，同时加大换水量，每次换水 30%～40%，直至 9 月底；10 月，要保持水环境稳定，换水量不宜过大，控制在 20%以下；11 月上旬换水量 5%～10%；水温降至 10 ℃以下，基本不再换水，保持最高水位，蓄水保温；养殖期间不定期使用底质改良剂和益生菌。

② 饲料投喂。缢蛏滤食水中浮游生物、有机碎屑，无须单独投喂饲料。

对虾放苗后以池中基础饵料为食，不需立即投喂，此后可根据水质或基础饵料情况适当投喂，一般放苗3周后每天投喂虾总体重的5%～7%专用配合饲料，每天早上和傍晚各投喂1次。

③ 养殖记录。养殖期间每7～10天测定一次水温、盐度、pH、溶解氧、透明度等理化指标，同时观察虾贝的生长情况，判断生长是否正常。高温、汛期和收获季节每天测量。认真填写水产养殖日志，做好养殖、用药、销售3项记录。

④ 病害防治。在疫病流行期间，应采取预防措施，做到以防为主、防治结合；提倡采用生态防病技术控制疾病发生，使用微生态制剂调控养殖水环境。

（4）收获　缢蛏可在当年7—8月或12月至翌年5月，规格达到壳长5厘米以上时收获。具体根据生长情况和消费季节习惯，在消费盛期收获，避开繁殖期。对虾根据养殖种类确定具体收获时间，一般凡纳滨对虾放苗后3个月，规格达到40～80尾/千克，可利用地笼网进行收获；日本对虾根据生长情况随时采用罾网进行收获。

3. 底铺网养殖技术

与普通养殖的不同之处在于泥下0.4～0.5米铺设筛绢网，解决缢蛏穴居深、难起捕、人力成本高难题，可使采收效率提高2倍，成本下降50%。

网布或筛绢，宽度4.0～4.5米、网目30目左右，网线为聚乙烯或尼龙单丝。

（1）深水塘铺网　涂面水深1米以上的池塘，在涂面上直接铺底网，挖取旁边涂面的涂泥覆盖到网上，覆泥厚度0.4～0.5米，畦面宽3.5～4.0米。

（2）浅水塘铺网　水深小于1米的池塘，在涂面上开挖深约0.3米、与网布等宽的平底沟，铺底网后回填0.4～0.5米涂泥；畦面宽3.5～4.0米，两侧留宽0.4～0.5米、深0.3米的浅沟（图7）。

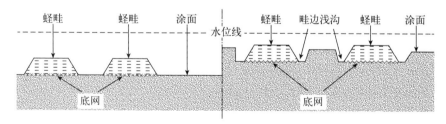

图7　蛏畦底铺网截面图

左侧：深水塘，底网直接铺于涂面、覆泥建蛏畦；右侧：浅水塘，挖沟后铺网、回填涂泥建蛏畦

（二）主要病害防治方法

1. 点状坏死病

点状坏死病是一种细菌病，由一种未知杆菌感染而致。

（1）主要症状　在前期特征不甚明显，而到了后期快死亡的时候，缢蛏身上出现有点状坏死组织，并在不断地扩散到其他部位，解剖会发现内部常常伴有大量的杆菌，消化腺为苍白色，外壳张开，逐渐死亡。

（2）流行季节　在缢蛏生长的各个阶段都可能发生，发生后死亡率极高。

（3）防治方法　暂时无特效药治疗，只能以预防为主，加强对水质和饵料的管理，保持水质的清洁和饵料的新鲜，发现病害后及时分离、销毁病蛏，立即对水质作消毒灭菌处理。

2. 派金虫病

派金虫病是一种寄生虫病，由海水派金虫寄生而致，是缢蛏最为严重的疾病之一。

（1）主要症状　发病时缢蛏生长缓慢或停止生长，逐渐消瘦，生殖腺的发育也受到阻碍，严重时壳张而死。

（2）流行季节　一年四季都可能发生，但在夏季和秋季高温时期的死亡率极高，春冬季节气温较低，即使发生，一般也不会造成死亡。

（3）防治方法　在养殖时要选择没有感染的蛏苗，在蛏子幼虫时要将固着物彻底清刷干净，而老蛏子要及时收获并淘汰，养殖密度不要过高，将其养殖在盐度较低的区域可在一定程度上抑制此病的发展。

四、育种和种苗供应单位

（一）育种单位

1. 浙江万里学院

地址和邮编：宁波市鄞州区钱湖南路8号，315100

联系人：林志华，董迎辉

电话：15067427560，15067427669

2. 浙江万里学院宁海海洋生物种业研究院

地址和邮编：宁波市宁海县一市镇缆头村，315604

联系人：孙长森

电话：13666435008

（二）种苗供应单位

1. 宁波甬盛水产种业有限公司

地址和邮编：象山县泗洲头镇峙前村，315724

联系人：边平江

电话：13905773698

2. 温岭市龙王水产开发有限公司
地址和邮编：浙江省温岭市城南镇湾塘，317515
联系人：徐礼明
电话：13906566809

五、编写人员名单

林志华，董迎辉，孙长森

熊本牡蛎"华海1号"

一、品种概况

（一）培育背景

牡蛎属于软体动物门、双壳纲、珍珠贝目、牡蛎科，是一种重要的海洋生物资源，为全球性分布类群。其肉味鲜美，富含多种人体必需氨基酸、微量元素，为世界上最重要的海水养殖经济种类之一，其养殖的总产量和单位面积产量在所有的贝类养殖品种中位居首位。我国是牡蛎养殖大国，2018年产量达510多万吨，占养殖贝类总产量的35%，海水养殖总产量的25%，世界牡蛎总产量的70%以上。

熊本牡蛎，又称蚝蛎、黄蚝、铁钉蚝等，原产于东亚，包括中国（江苏以南）、韩国（顺天湾）及日本（有明海、濑户内海）等地，是一种半咸水型偏好中高盐度的牡蛎类群，于1947年被引种至美国进行养殖。国内外的研究中仅见熊本牡蛎人工繁育报道，尚未进行熊本牡蛎遗传改良研究。熊本牡蛎味道鲜美，但个体较小，左壳较凹，尤其是贝壳形态差异较大。为此，根据左壳放射嵴有无及数量将其划分为3类，分别为多嵴品系（放射嵴≥6个）、寡嵴品系（1个≤放射嵴≤5个）和无嵴品系（放射嵴＝0个）。本新品种是以熊本牡蛎的多嵴品系和无嵴品系作为材料，以提高熊本牡蛎生长速度为目标、以壳高作为选育指标，进行连续混合选择培育出的牡蛎新品种，它的选育为我国中南部地区增加了新的牡蛎养殖品种，为培育高端牡蛎产品提供了可行性参考。

（二）育种过程

1. 亲本来源

熊本牡蛎"华海1号"新品种以广东湛江野生熊本牡蛎群体为核心基础群体，以生长率为指标，利用连续混合选择的方法，按照10%留种率、1.755的选择强度，经过连续4代的上选繁育和培育而成。

2. 技术路线

熊本牡蛎"华海1号"新品种培育采用了连续混合选择、遗传参数评估、表型性状测试、分组辅助育种等技术。首先，构建了广东湛江群体熊本牡蛎核心基础群体，评估了中美熊本牡蛎生产性能差异；其次，根据左壳放射嵴有无及数量将湛江群体熊本牡蛎划分为无嵴、寡嵴、多嵴3个类型品系；最后，对性状分化较大的多嵴和无嵴品系进行了连续4代的混合选择。在此期间，评估了生长性状的选择反应、现实遗传力和遗传改进量等遗传参数；分析连续选择对子代遗传结构的影响，解析了新品种的快速生长机制（图1）。

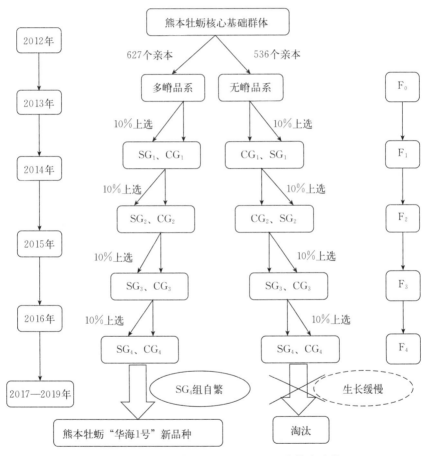

图1　熊本牡蛎"华海1号"新品种选育技术路线

熊本牡蛎核心基础群体为广东湛江乾塘镇群体的3 000个个体自繁而成，且每个个体均采用分子手段开展了遗传鉴定；多嵴品系是指左壳放射嵴数量≥6个的品系，无嵴品系是左壳无放射嵴的品系；"10%上选"表示以壳高为指标，按照10%留种率、1.755的选择强度进行连续选择育种；SG_1～SG_4表示上选组F_1～F_4，CG_1～CG_4表示对照组F_1～F_4；F_0表示基础群体，F_1～F_4表示子一代至子四代；SG_4自繁是指多嵴品系的上选组子四代自繁；淘汰是指无嵴品系生长较慢被淘汰

3. 培育过程

（1）2012年5月起，以广东湛江群体熊本牡蛎为亲本（3 000个），采用混合繁育模式构建了基础群体，并采用单体养殖方式在海域养成至性成熟；取样进行遗传和性状分析。为了确保熊本牡蛎物种单一性，良种培育组采用核DNA和线粒体DNA COI等标记对每个个体进行了鉴定，剔除掉在海域养成过程中混杂的香港牡蛎、近江牡蛎、葡萄牙牡蛎等种类。

（2）2013年5月起，以2012年5月生产的湛江群体熊本牡蛎（单体）作为核心基础群体，按照左壳表面放射峭的多少，将熊本牡蛎划分为三类，分别为无峭（放射峭＝0个）、寡峭（1个≤放射峭≤5个）、多峭（放射峭≥6个）类型。统计分析发现多峭类型个体较大，无峭个体最小。为此，按照10%留种率、1.755的选择强度，以壳高为选择指标，进行多峭和无峭品系歧化选择和繁育，F_1子代在北海海域养成；取样进行遗传分析和性状评估。

（3）2014年5月起，以2013年5月生产的熊本牡蛎多峭品系和无峭品系上选组F_1作为候选群体，按照10%留种率、1.755的选择强度，以壳高为选择指标，继续进行多峭和无峭品系的选育，获得的F_2子代在北海进行海上养成；取样进行遗传分析和性状评估。

（4）2015年5月起，以2014年5月生产的熊本牡蛎多峭品系和无峭品系上选组F_2作为候选群体，按照10%留种率、1.755的选择强度，以壳高为选择指标，继续进行多峭和无峭品系的选育，获得的F_3子代也继续在北海进行海上养成；取样进行遗传分析和性状评估。

（5）2016年5月起，以2015年5月生产的熊本牡蛎多峭品系和无峭品系上选组F_3作为候选群体，按照10%留种率、1.755的选择强度，以壳高为选择指标，继续进行多峭和无峭品系的选育，获得的F_4子代在北海、钦州进行海上养成，并进行推广性生产；取样进行性状评估。

（6）2017—2019年，进行了熊本牡蛎多峭品系上选组F_4子代的生产，并开展示范推广，世代间及其与对照组的比较分析结果显示：上选组较对照组壳高提高了15.6%，鲜重提高了30.8%，产量提高了39.7%。

（三）品种特性和中试情况

1. 优良特性

熊本牡蛎"华海1号"左壳峭性状遗传稳定，并具有明显的性状优势，生长快、产量高；在正常的养殖环境下，较对照组壳高提高了15.6%以上，鲜重提高了30.8%以上，产量提高了39.7%以上，外观整齐度在90%以上，养殖周期可缩短半年左右（图2）。适合在广东、广西、海南等地半咸水海域养殖。

2. 中试情况

（1）试验材料　试验组为熊本牡蛎"华海1号"，对照组为普通熊本牡蛎，从规格为壳高3～5毫米幼贝开始养殖，直至养成收获。

（2）地点和时间　2017年5月至2019年5月，项目组分别于广西北海银海区蓝海牧场贝类养殖农民专业合作社和广西钦州阿蚌丁海产科技有限公司进行养殖示范推广。

图2　熊本牡蛎"华海1号"新品种

（3）对比试验方法　两家企业均采用浮筏（木排）养殖，其中每个竹排大小为8米×8米，一个浮筏由13个单个竹排组成，面积为832米^2。项目组和对比试验企业在2016—2018年吊养了新品种9 000万个，养殖面积1 100亩。同时，以同样规格普通熊本牡蛎作为对照组，吊养在1个木排。

北海蓝海牧场贝类养殖合作社熊本牡蛎养殖区位于北海市竹林盐场内，采用500亩半封闭大塘进行熊本牡蛎养殖对比试验，检测新品种生产性能。广西钦州阿蚌丁海产科技有限公司养殖区位于钦州犀牛角镇大风江海域，采用600亩河口传统养殖区进行对比试验，检测新品种生产性能。上述两家公司均参照项目组制定的《熊本牡蛎"华海1号"养殖技术规范》进行养殖。至养殖牡蛎达到商品规格时，随机从试验养殖海区抽取熊本牡蛎"华海1号"及普通熊本牡蛎对照组各300个个体，统计存活个体数，计算出试验组和对照组的平均成活率；并随机抽取30～90个个体进行壳高和鲜重测量，用于生长速度比较和产量计算。

（4）实验结果　2017—2019年，项目组在中国科学院湛江海洋经济动物实验站进行良种繁育，与蓝海牧场贝类养殖农民专业合作社合作，共培育新品系苗种3 000万个，吊养在北海养殖区内。经过现场测试，该品系苗种经过一年半即可达到上市规格，平均壳高在60毫米以上，其鲜重较普通熊本牡蛎提高了33.7%，产量提高了60.4%；

2017—2019年，项目组在中国科学院湛江海洋经济动物实验站进行良种繁育，培育出6 000万个良种苗种；与广西钦州阿蚌丁海产科技有限公司合作进行生产性养殖测试，将新品种苗种吊养在钦州核心示范养殖区内。经过现场测试，该品系苗种经过两年即可达到上市规格，平均壳高在60毫米以上，其鲜重较普通熊本牡蛎提高30.8%，产量提高39.7%。

生产性对比试验结果表明，熊本牡蛎"华海1号"与现有普通熊本牡蛎相比，其主要经济性状得到明显改良，壳高提高了15.6%以上，鲜重提高了30.8%以上，产量提高了39.7%以上。熊本牡蛎"华海1号"在中试期间取得了显著的增收效果以及良好的经济效益。

二、人工繁殖技术

（一）亲本选择与培育

1. 亲本选择

熊本牡蛎"华海1号"新品种繁育的亲本为广东湛江的野生熊本牡蛎群体，采用其繁殖后代为核心基础群体，以生长率为指标，利用连续混合选择的方法，按照10%留种率、1.755的选择强度，经过连续4代的上选繁育和培育而成。该基础群需要在特定良种养殖场内保存，并应选择壳高在60毫米以上，个体体重在25克以上，性腺发育成熟度高，体质健壮的个体作为亲贝。亲贝繁殖季节主要在春末和夏季，亲本应为充分成熟的个体，生殖腺饱满，充满整个体腔，覆盖肝胰腺，性腺指数在25%以上，生殖腺外观为裂纹状，生殖腺由滤泡、生殖管和生殖输送管组成。

2. 亲本培育

（1）养殖海区　亲本牡蛎以单体或黏绳形式在盐度相对较高、无较大风浪的海区，用浮排或沉排方式（桩式）进行亲本养殖，利用良好海区天然生产力、丰富的藻类饵料进行促熟。

（2）养殖条件　选择风浪较小、盐度较高的自然海区（盐度在24以上）。将亲贝在春季放置于高盐养殖区域进行性腺促熟，相对中低盐度区域来说，可以使性腺早成熟15～30天。当性成熟后移至室内，车间应避免直射强光，以侧光为宜，白天控制在1 000勒克斯以下。

（3）饵料　亲本培育过程中，在自然海区主要以天然单胞藻、海水中有机碎屑作为主要饵料来源。性成熟后移至室内阶段，则以新月菱形藻、角毛藻作为驯化饵料。

（二）人工繁殖

催产和授精　父、母本数比为1∶（8～10）；采用阴干流水刺激法进行自然产卵排精，获得受精卵，也可以采用解剖法获得精卵。卵子需海水浸泡30～60分钟进行熟化，利用500目筛绢网反复洗卵2～3次，之后加入活力充足的精子，轻搅拌授精，以每个卵子周围有10～15个精子为宜。洗卵3～5次，去除多余精子，随后可将受精卵均匀撒入育苗池中，密度控制在30～50个/毫升。采用室内微充气培育方式进行孵化和幼体培养。

（三）苗种培育

1. 幼体培养

壳顶前期、中期、后期幼虫密度分别保持在 3~5 个/毫升、2~3 个/毫升、1~2 个/毫升（图3），培育期间，每天换水量在 30%~50%，饵料以湛江等鞭金藻、云微藻为主。

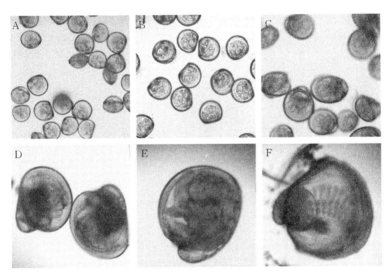

图3 幼虫发育示意图
A. D形幼虫 B. 壳顶前期幼虫 C. 壳顶中期幼虫 D. 壳顶后期幼虫
E. 眼点幼虫 F. 刚刚形成的稚贝

2. 采苗及附苗

当眼点幼虫达到 30% 以上时，利用 80 目筛绢网筛选出大个体幼虫，投放至事先布好附着基的空池中，采苗密度控制在 0.8~1.2 个/毫升。附着基可以用牡蛎壳、聚乙烯片、水泥饼等。当投放好幼虫以后，将黑色遮阳网盖在池面上，提供低光照条件以保证幼虫均匀附着，直至幼虫绝大部分附着。

3. 稚贝培育

幼虫变态附着以后，进行稚贝培育。采用室内微充气培育方式，每天换水量在 30%~50%，饵料以云微藻、角毛藻等为主，并继续低光照条件。

4. 中间培育

当稚贝生长至 3~5 毫米时（图4），苗种出池至饵料丰富、无大风浪、盐度较低的海上或者虾池中,进行中间培育。在此期间,盐度变化不要过大,以免造成稚贝死亡。

图 4　熊本牡蛎稚贝

三、健康养殖技术

(一)健康养殖(生态养殖)模式和配套技术

1. 浮筏式养殖

(1) 养殖条件　宜选择水深 5～20 米、水流通畅、水质清新、透明度好、温度相对稳定、附近有充足的淡水河流注入、无污染的半咸水区域。

养殖用水水源水质应符合 GB 11607—1989 的规定,养殖水质应符合 NY 5052—2001 的规定,盐度不低于 8,温度不低于 9 ℃,最高不超过 32 ℃,pH 7.6～8.4,溶解氧>5 毫克/升。

(2) 养殖浮筏

① 竹筏。采用长度为 9 米的毛竹编制而成,每个竹排为正方形,面积为 81 米²,每个竹排采用 15 个泡沫浮子作为浮力来源;之后将 7～13 个小竹排联合起来,形成一个大的竹排。最后,每个大竹排利用 6～18 个沉箱进行固定,使其漂浮于固定的海面上。

② 木筏。采用长度为 8 米的木杆编制而成,每个木排为正方形,面积为 64 米²,每个竹排采用 15 个泡沫浮子作为浮力来源;之后将 7～13 个小竹排联合起来,形成一个大的木排。最后,每个大木排利用 6～18 个沉箱进行固定,使其漂浮于固定的海面上。

(3) 放养规格与密度　放养大小为5～10毫米，密度为每个附着片上有15～30个个体。

(4) 日常管理

① 养殖密度调整。伴随着个体生长，养殖密度由开始的90～120串/米^2，逐渐降低调整为20～30串/米^2。

② 中低盐环境中间培育。稚贝生长至3～6毫米时，将其养殖在无大风浪、饵料丰富、附着生物较少、盐度12～20的半咸水内湾养殖环境中，直至30毫米左右。

③ 中高盐环境养成。当幼贝超过30毫米之后，将其放置于水体交换量较大、饵料丰富、盐度为20～25的半咸水环境中养成（图5）。

图5　熊本牡蛎浮筏式养殖

④ 高盐环境下育肥。当幼贝生长至50毫米以上时，将其转移至具有一定水流、饵料丰富、盐度为25～30高盐环境中进行育肥，时间为30～60天，平均出肉率在20%以上。

⑤ 收获。当平均壳高达到60毫米以上，鲜重在25克以上时，可以收获。

2. 桩式（沉排）养殖

(1) 环境条件　宜选择水深1～5米、水流通畅、水质清新、透明度好、温度相对稳定、附近有充足的淡水河流注入、无污染的半咸水区域。

养殖用水水源水质应符合GB 11607—1989的规定，养殖水质应符合NY 5052—2001的规定，盐度不低于8，温度不低于9℃，最高不超过32℃，pH 7.6～8.4，溶解氧>5毫克/升。

(2) 沉排形式

① 插桩式。以3～4米长的木杆作为木桩（削尖），将其用黑色塑料包起来，之后缠绕上1.5～3.0米长的苗串，最后将其固定为网格状插在养殖区域

内。木桩间间距为90厘米，退大潮时可以露出来，涨潮时被淹没。

②木架式。上述木桩以一定间距插在滩地成排式，插桩之间以绳索相连成网格状，绳索上即可吊养附苗的牡蛎串或黏绳牡蛎串。通常情况下，每个木架面积为600~800米^2，可以挂苗种4万~6万串。

(3) 放养规格与密度　放养大小为3~6毫米，密度为每个附着片上有15~30个个体。

(4) 日常管理

①养殖密度调整。伴随着个体生长，养殖密度由开始的90~120串/米^{2}调整为20~30串/米^2。

②中盐环境中间培育。稚贝生长至3~6毫米时，将其养殖在无大风浪、饵料丰富、附着生物较少、盐度15~20的半咸水内湾养殖环境中，直至30毫米左右。

③中高盐环境养成。当幼贝超过30毫米之后，将其放置于水体交换量较大、饵料丰富、盐度为20~25的半咸水环境中养成。

④高盐环境下育肥。当幼贝生长至50毫米以上时，将其转移至具有一定水流、饵料丰富、盐度为25~30高盐环境中进行育肥，时间为30~60天，平均出肉率在20%以上。

⑤收获。当平均壳高达到60毫米以上，鲜重在25克以上时，可以收获。

3. 单体养殖

(1) 环境条件　宜选择水深3~30米、水流通畅、水质清新、透明度好、温度相对稳定、附近有充足的淡水河流注入、无污染的半咸水区域。

养殖用水水源水质应符合GB 11607—1989的规定，养殖水质应符合NY 5052—2001的规定，盐度不低于8，温度不低于9℃，最高不超过32℃，pH 7.6~8.4，溶解氧>5毫克/升。

(2) 养殖设备

①苗种生产阶段。采用塑料片作为附着基，当稚贝生长至20~30毫米时，将其剥离，之后利用网孔为5毫米网袋吊养在海区或者生态虾池中，即获得了单体蚝苗。单体苗种也可以来源于去甲肾上腺素处理过的单体苗种，将其在室内养殖到3~5毫米，利用网孔为1.5毫米网袋继续养殖到20~30毫米，之后，换网孔为5毫米网袋，即获得单体蚝苗（图6）。

②养成阶段。20~30毫米蚝苗可以利用网孔直径为10毫米的扇贝笼养成；也可以将其利用水泥粘起来，之后吊养养成；还可以利用电钻将其壳顶钻孔，利用胶丝线串起来，进行单体串养，直至收获。

(3) 放养规格与密度　放养规格在10~20毫米时，每个网袋放置300个个体；当其生长至30~50毫米时，每个扇贝笼每层放置40~50个；养成阶段

图6 熊本牡蛎单体

时,每层放置20~30个,直至生长至60毫米以上,即获得单体熊本牡蛎商品蚝。

(4) 日常管理

① 养殖密度调整。伴随着个体生长,不断调整养殖密度,以最适于生长为宜。

② 中低盐环境中间培育。幼贝30毫米之前,将其养殖在盐度为12~15养殖环境中。

③ 中高盐环境养成。当幼贝超过30毫米之后,将其转移至水体交换量较大、饵料丰富、盐度为20~25的半咸水环境中养成。

④ 高盐环境下育肥。当幼贝生长至50毫米以上时,将其转移至具有一定水流、饵料丰富、盐度为25~30高盐环境中进行育肥,时间为30~60天,平均出肉率在12%以上。

⑤ 收获。当平均壳高达到60毫米以上,鲜重在25克以上时,可以收获(图7)。

图 7　熊本牡蛎单体成品

（二）主要病害防治方法

首先，熊本牡蛎"华海 1 号"养殖过程中，应注意盐度的剧烈变化，由于各个阶段个体最适盐度不同，所以要及时转移各个阶段的养殖水域，防止生长缓慢及大量死亡发生。其次，每年的冬末春初，由于温度升高、盐度升高，熊本牡蛎"华海 1 号"容易大量死亡，要采用盐度渐变式养殖模式避免批量死亡。最后，"华海 1 号"牡蛎在高盐度海区容易出现繁殖后大量死亡，所以应注意将繁殖期牡蛎放置于中盐度海区，避免造成经济损失。

四、育种和种苗供应单位

（一）育种单位

1. 中国科学院南海海洋研究所

地址和邮编：广东省广州市海珠区新港西路 164 号，510301

联系人：喻子牛

电话：020 - 89102507

E - mail：carlzyu@scsio.ac.cn

2. 广西阿蚌丁海产科技有限公司

地址和邮编：钦州市钦南区高新技术产业服务中心 1107 号房　邮编：535000

联系人：覃春兰

电话：13878882555

E - mail：215058907@qq.com

（二）种苗供应单位

1. 中国科学院湛江海洋经济动物实验站

地址和邮编：广东湛江市霞山区人民南路 5 号，524001

联系人：喻子牛
电话：020-89102507
E-mail：carlzyu@scsio.ac.cn

2. 广西阿蚌丁海产科技有限公司

地址和邮编：钦州市钦南区高新技术产业服务中心1107号房，535000
联系人：覃春兰
电话：13878882555
E-mail：215058907@qq.com

五、编写人员名单

喻子牛，张跃环，秦艳平，肖述，马海涛，李军，张扬，向志明，毛帆，莫日馆，龙腾云

长牡蛎"鲁益1号"

一、品种概况

(一) 培育背景

长牡蛎（*Crassostrea gigas*），又称太平洋牡蛎，隶属于软体动物门（Mollusca）、双壳纲（Bivalvia）、翼形亚纲（Pterimorphia）、牡蛎目（Ostreoida）、牡蛎科（Ostreidae）、巨蛎属（*Crassostrea*）。长牡蛎具有环境适应性强、生长快、营养丰富等优点，自然分布于西太平洋海域。20世纪六七十年代，长牡蛎被引种至欧美等国，目前在世界各大洋均有分布，并成为世界上养殖范围最广、产量最高的经济贝类。

一个新品种可以带动一个产业链条。早在20世纪90年代，中国海洋大学开展了长牡蛎三倍体育种技术研究，并在药物诱导长牡蛎三倍体等方面取得了突破性的进展。近年来，中国海洋大学在国内率先开展了长牡蛎优良品种选育，培育出具有快速生长性状的长牡蛎新品种"海大1号"、具有金壳色性状的长牡蛎"海大2号"和黑壳色性状的长牡蛎"海大3号"，福建水产研究所选育的具有金壳色性状的葡萄牙牡蛎"金蛎1号"已经通过全国水产原种和良种审定委员会审查，成为牡蛎家族的新品种。这些新品种的培育和应用，丰富了牡蛎养殖种质资源，提高了牡蛎养殖良种覆盖率和产业效益。

随着人们生活水平的不断提高和牡蛎消费群体的不断扩大，人们对牡蛎的肉质品质，尤其是味道鲜甜提出了更高要求。多年来，牡蛎养殖业一直重复着"以量取胜"的路子，规模、品质、需求、效益之间的矛盾日益突出。在长牡蛎"鲁益1号"新品种之前，长牡蛎肉质品质性状新品种在国内外尚为空白。长牡蛎"鲁益1号"是以糖原含量为目标性状，经连续4代选育而成，通过该新品种的选育，可提升长牡蛎的糖原含量水平，满足高端市场的需要。

(二) 育种过程

1. 亲本来源

2010年从山东烟台、威海和日照三个海域收集的野生长牡蛎3 000个个体为长牡蛎"鲁益1号"选育的基础群体。

2. 选育目标

以糖原含量为选育指标。

3. 技术路线

长牡蛎"鲁益1号"的选育技术路线如图1所示,通过连续家系继代选育技术,辅以近红外(Near Infrared,NIR)光谱分析技术进行长牡蛎糖原含量的高通量测定,最终形成糖原含量高的长牡蛎新品种。

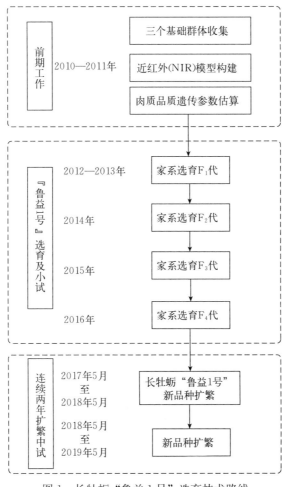

图1 长牡蛎"鲁益1号"选育技术路线

4. 选育过程

自2009年开始,在山东省农业(贝类)良种工程重大项目等一系列项目资助下,进行了长牡蛎高糖原含量新品种的选育。

(1) 2010—2011 年　基础群体同质化培育、NIR 模型构建、遗传参数分析。

收集山东乳山、芝罘岛、崆峒岛和刘公岛，辽宁东港和小山岛，江苏赣榆等长牡蛎主产区（7 个地点）不同发育阶段、不同养殖方式和不同年龄的长牡蛎，用于构建长牡蛎糖原含量的 NIR 模型。对长牡蛎生长性状和肉质品质性状的遗传力、遗传相关和基因型与环境互作进行估算。在山东威海乳山（RS）、烟台崆峒岛（KTD）和日照（RZ）海区采捕 1 龄壳长较长的长牡蛎各 1 000 只，放置在相同海域进行为期一年的同质化培育（图 2）。

图 2　基础群体同质化培育

(2) 2012—2013 年　第一代家系选育（F_1 代）。

2012 年 5 月，利用 2011 年同质化养殖的三个群体，从每个群体中选择壳形规则的长牡蛎 90 只，运用团队开发的长牡蛎糖原含量 NIR 模型测量长牡蛎糖原含量，三个群体共计测量 270 只长牡蛎。从每个群体中按照 10% 的选择压力选出 9 只糖原含量高的长牡蛎，经鉴别雌雄后，剔除 10 个性腺发育不良的个体，共计选用 17 只亲贝（9♀、8♂），构建第 1 代选育家系 27 个；计算获得个体留种率为 6.29%，选择强度为 1.946%；同时建立未经选育的对照组。

2013 年 5 月，继续从同质化养殖的三个群体中每个群体选择壳型规则的长牡蛎 210 只，运用长牡蛎糖原含量 NIR 模型测量长牡蛎糖原含量，三个群体共计测量 630 只长牡蛎（图 3）。从每个群体中按照 14.29% 的选择压力选出 30 只糖原含量高的长牡蛎，鉴别雌雄后，剔除 21 个性腺发育不良的个体，共计 69 只亲贝（35♀、34♂），用于构建家系第 1 代选育家系 82 个；计算获得个体留种率为 10.95%，选择强度为 1.692%；同时建立未经选育的对照组。

图3 第1代选育系（F_1）培育

鉴别雌雄（左上），近红外仪器测量鲜样糖原含量（右上），家系构建（左中），人工授精（右中），附着基上的稚贝（左下），出海挂养选育家系（右下）

鉴别雌雄后选出雄性亲贝和雌性亲贝，解剖采集精卵，定量取样，计数。待卵子用过滤海水熟化15~20分钟后，在5升的受精桶内加入精液，控制每个卵子周围有3~5个精子，搅拌3~5分钟。受精排放第二极体后洗卵，之后在100升的塑料桶内孵化，孵化时间20小时左右，发育至D形幼虫后，进行选优。选优后的幼虫放入300目的网箱内培育，其间根据幼虫的大小，依次更换200目和120目的网箱（授权专利号：ZL 2016 2 1062027.4）。幼体培育在烟台海益苗业有限公司进行，稚贝和成贝在烟台市崆峒岛实业有限公司崆峒岛养殖海区以夹绳和挂笼方式进行养殖（图3）。

（3）2014年　第2代家系选育（F_2代）。

2014年3月，通过团队建立的长牡蛎糖原含量性状NIR干样组织快速分析模型，对2012—2013年建立的92个F_1代家系进行糖原含量测定，通过遗传分析软件ASReml计算各指标的家系育种值（图4）。2014年5月，根据

图4　第2代选育系（F_2）培育

性腺发育饱满（左上），家系换水管理（右上），家系池塘中间培育（左中），稚贝长势良好（右中），批量冷冻干燥样品（左下），近红外仪器测量干样糖原含量（右下）

2014年3月的育种值数据，按照9.78%的家系留种率，筛选候选核心家系9个，家系选择强度为1.745。为防止近交的发生，亲缘系数的平均数≤0.20，根据BLUP育种系统，以及各家系间的系谱关系，制订2014年家系构建的亲本交配计划。根据鲜样组织糖原含量NIR模型，筛选各候选家系的亲本，每个家系测定30个个体，按照15%的留种率留取亲贝。同时选取崆峒岛海域的野生长牡蛎作为对照组。

鉴别雌雄后，利用解剖法采集精卵，定量取样，计数。待卵细胞熟化15～20分钟后，在5升的受精桶内加入精液，控制每个卵子周围有3～5个精子，搅拌3～5分钟。受精排放第二极体后洗卵，之后在100升的塑料桶内孵化，孵化时间20小时左右，发育至D形幼虫后进行选优，选优后的幼虫放入300目的网箱内培育，其间根据幼虫的大小，更换200目和120目的网箱（授权专利号：ZL 2016 2 1062027.4）。幼体培育在烟台海益苗业有限公司进行，稚贝和成贝在烟台市崆峒岛实业有限公司崆峒岛养殖海区以夹绳和挂笼方式进行养殖（图4）。

（4）2015年　第3代家系选育（F_3代）。

2014年12月，通过团队建立的长牡蛎肉质品质性状NIR快速分析模型，对2014年建立的51个F_2代家系进行可直接测量的生长性状指标（壳高、壳长、壳宽、湿重等）的测定和肉质品质性状（糖原含量、总蛋白含量、总脂肪含量、锌含量、硒含量、水分含量、灰分含量、出肉率含量等）的测定，计算长牡蛎糖原含量的家系育种值，以及各性状间的遗传相关和表型相关。2015年5月，根据长牡蛎糖原含量的家系育种值数据，按照23.53%的家系留种率筛选候选核心家系12个，家系选择强度为1.306。为防止近交的发生，亲缘系数的平均数小于等于0.20，根据BLUP育种系统，以及各家系间的系谱关系，制订2015年家系构建的亲本交配计划。根据遗传相关和表型相关，筛选各候选家系的亲本，每个家系测定30个个体，按照10%～15%的留种率留取亲贝（图5）。

图 5　第 3 代选育系（F_3）培育

家系在网箱中培育（左上），出海挂养家系（右上），海上养殖管理（左中），夹绳养殖的新品系（右中），养殖中存在的问题（左下），近红外仪器测量干样糖原含量（右下）

(5) 2016 年　第 4 代家系选育（F_4 代），2017 年新品种形成。

2016 年 5 月，以 2015 年建立的长牡蛎 F_3 选育家系作为繁殖亲本。家系选择和家系内亲本的选择同上。按照 10.38% 的家系留种率留取 11 个核心家系，家系选择强度为 1.717，按照 25% 的留种率留取亲贝。继续选取崆峒岛海域的野生长牡蛎作为对照组。鉴别雌雄后，利用解剖法采集精卵，定量取样，计数。幼体培育和海上养成的具体步骤同前。幼体培育在烟台海益苗业有限公司进行，稚贝和成贝在烟台市崆峒岛实业有限公司崆峒岛养殖海区以夹绳和挂笼方式进行养殖（图 6）。

至 2016 年，经过 4 代的选育，长牡蛎选育系已具有高糖原含量的肉质品质（图 7）。

(6) 2017 年　新品种"鲁益 1 号"核心家系维护及扩繁中试。

2017 年 5 月，从 2016 年建立的 122 个 F_4 代家系中随机选取 30 个家系进行扩繁中试，分为两组，每组 15 个家系，其中一组中每个家系选取 10 个雌性个体，共计 150 个个体；另一组中每个家系选取 10 个雄性个体，共计 150 个

图 6 第 4 代选育系（F_4）培育

网箱培育幼体（左上），附着后的各家系（右上），专家阶段性现场验收（左中），冬季取样测量（右中），样品研磨处理（左下），近红外仪器测量干样糖原含量（右下）

个体。另一方面，2017 年进行了核心家系维护。以 F_4 代糖原含量家系育种值高的 60 个核心家系，通过系谱关系确定交配方案，采用家系间交配的方式控制近交系数<0.2，建立 2017 年核心家系 68 个。

(7) 2018 年 新品种"鲁益 1 号"的第六代培育及扩繁中试。

从 2017 年建立的 68 个核心家系中随机选取 30 个家系进行新品种中试扩

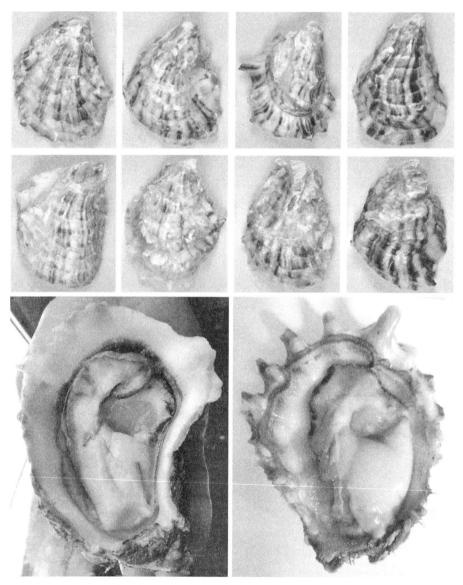

图 7　经过 4 代选育的部分长牡蛎新品系 "鲁益 1 号" 外部特征和软体部

繁，操作方式与 2017 年相同，即分为两组，每组 15 个家系，其中一组中每个家系选取 10 个雌性个体，共计 150 个个体；另一组中每个家系选取 10 个雄性个体，共计 150 个个体。2018 年获得稚贝约 2.6 亿粒。同时，2018 年进行了核心家系维护。运用 2017 年构建的 68 个核心家系，计算家系育种值，采用家系间交配的方式控制近交系数<0.2，构建核心家系 45 个。

(三) 小试与中试养殖

2013—2016年，分别在山东烟台崆峒岛，威海乳山、文登，日照东港区，东营河口等长牡蛎主要产区进行了 $F_1 \sim F_4$ 的小试养殖；2017年5月至2019年5月，在上述海域以及连云港赣榆海域进行了长牡蛎"鲁益1号"的生产性中试试验（表1）。2013—2019年累计生产苗种近10亿粒，养成2.9亿粒，共养殖面积2 000多亩，平均亩产达6.29吨，市场价格比普通牡蛎提高10%以上，取得了良好的中试养殖效果，为当地的牡蛎养殖产业带来显著的经济效益（图8）。

表1 2013—2016年小试、2017—2019年中试养殖情况

年份	地点	面积（亩）	养殖量（万粒）	养殖密度（万粒/亩）	产量（吨）	新增产量（吨）	新增产值（万元）
2013—2014	威海乳山	50	750	15	337	53.7	48.3
	烟台崆峒岛	50	750	15	312	51	44.9
2015—2016	威海乳山	50	750	15	299.5	35	31.5
	烟台崆峒岛	50	750	15	326.4	55	49
2016—2017	威海乳山	50	750	15	310.8	53.3	48
	烟台崆峒岛	50	750	15	315.6	54.2	48.7
	东营河口	50	750	15	293	28.8	26
2017—2018	烟台崆峒岛	200	3 000	15	1 313.3	254.4	224.2
	威海乳山	200	3 000	15	1 206.3	235.6	212
	连云港赣榆	50	750	15	301.6	59	52
	威海文登	300	4 500	15	1 830	354	318.6
	东营河口	50	750	15	319.7	40.7	36.6
2018—2019	烟台崆峒岛	200	3 000	15	1 347.8	185.4	166.8
	威海乳山	200	3 000	15	1 167.2	186.5	167.9
	连云港赣榆	100	750	15	292	46.5	42
	威海文登	300	4 500	15	1 903.5	273.6	253.5
	日照东港	100	1 500	15	663.6	106	95.4
	东营河口	50	750	15	311	41.8	37.6
2013—2019	合计/平均	2 100	30 750	15	12 850.3	2 114.5	1 903

为评估长牡蛎"鲁益1号"的生产性状，2017年5月至2018年5月和2018年5月至2019年5月在长牡蛎主产区山东省的烟台市海洋经济研究院、乳山正洋集团有限公司以及江苏省的连云港赣榆佳信水产开发有限公司进行了

图 8 部分示范养殖点的养殖生产情况

连续两年生产性对比养殖试验。长牡蛎"鲁益1号"苗种来自烟台海益苗业有限公司,苗种繁育方式为常温育苗。对照组为崆峒岛海区未经选育的长牡蛎苗种。养殖面积、挂苗时间、养殖密度和苗种规格见表2。稚贝期采用夹绳筏式养殖,当苗种长至3厘米以上时,分苗并进行吊笼筏式养殖。夹绳养殖方式的绳长2.5米,每绳150~200个苗种,绳间距0.3米;吊笼养成时采用10层直径为35厘米的牡蛎笼,每层放置20个个体,笼间距0.6米。试验组和对照组的养殖浮筏架采用相间排列的方式,使得养殖条件和管理方法保持一致。

长牡蛎达到商品规格时，随机从中试养殖海区抽取1~2笼新品种"鲁益1号"，混合后再随机抽取50~100个个体进行糖原含量、壳长、壳宽、壳高、湿重的测量；由死亡个体数计算存活率。采用同样的方法，随机抽取4~5笼同期同法养殖的长牡蛎对照组样品，同时对比检测各生产指标。

由于不同年份海区环境有所不同，新品种长牡蛎"鲁益1号"的糖原含量、壳长、壳宽、壳高、湿重等指标有差异，但新品种在生产性状方面都显著地优于同期同法养殖的对照组（表2）。根据抽样测试，同对照组相比，成体长牡蛎"鲁益1号"的糖原含量提高15.07%~23.56%。

表2 长牡蛎"鲁益1号"连续2年的生产性对比养殖试验结果

年度	2017年5月至2018年5月						2018年5月至2019年5月					
养殖地点	烟台崆峒岛		威海乳山		连云港赣榆		山东崆峒岛		山东乳山		连云港赣榆	
品种（系）	"鲁益1号"	对照组	"鲁益1号"	对照组	"鲁益1号"	对照组	"鲁益1号"	对照组	"鲁益1号"	对照组	"鲁益1号"	对照组
面积（亩）	200	10	200	20	50	20	200	10	200	20	100	20
密度（万粒/亩）	15	15	15	15	15	15	15	15	15	15	15	15
稚贝规格壳高（毫米）	2.16±0.33	2.02±0.58	2.16±0.33	2.02±0.58	2.16±0.33	2.02±0.58	3.26±0.30	2.92±0.68	3.26±0.30	2.92±0.68	3.26±0.30	2.92±0.68
糖原含量值（%）	37.26±3.79	32.38±2.42	35.19±2.76	28.48±2.66	33.10±2.26	27.67±3.69	32.22±4.10	26.56±4.04	32.10±2.52	27.67±3.26	34.15±2.77	27.98±3.96
湿重（克）	16.93±5.89	16.13±5.12	22.38±7.89	20.30±5.83	19.33±4.19	17.39±5.86	21.92±5.09	18.88±6.10	19.23±6.18	17.39±6.88	20.36±5.08	18.30±6.28
糖原含量最高值（%）	41.12	35.21	39.99	36.71	36.96	32.19	43.02	33.49	41.30	35.20	40.41	33.01
存活率（%）	85.2	82.9	86.5	85.1	78.5	77.8	80.2	77.6	78.5	77.8	89.5	87.6

二、人工繁殖技术

（一）亲本选择与培育

1. 亲本选择

新品种苗种的亲本来自烟台崆峒岛海域的亲本保种基地，利用扇贝笼通过浮筏方式在自然海区养殖。要求亲贝糖原含量≥18.73%。

2. 亲贝培育

工厂化升温苗种繁育，需要提前培育种贝的活体饵料。

（1）蓄养方式　亲贝经洗刷除去污物和附着物后，采用网笼或浮动网箱在室内水泥池中蓄养。蓄养密度保持在40～60个/米^3，入池时间为4月末至5月初，水温12～15℃，升温育苗可从2—3月开始。

（2）亲贝管理　在促熟过程中，早晚各换水一次，每次1/2以上，并及时清除池底粪便，临近采卵前每次换1/3。每隔一天倒池清洗一次，临近采卵前不倒池。前期不吸底，停止倒池后每天吸污一次。每2～3小时投喂一次，以硅藻、金藻或扁藻等单胞藻为主，日投饵量为单胞藻饵料浓度$2×10^5$～$5×10^5$个/毫升（以金藻为例）；饵料不足时亦可投喂鼠尾藻磨碎液及淀粉、酵母、鸡蛋黄等代用饵料。亲贝培育期间采用连续充气，以增加水体中的溶解氧。亲贝培育前期日升温1℃，水温达15℃以上时，稳定2～3天，再日升温0.5～1℃，至22℃左右稳定培育。每隔6～7天解剖检精观察亲贝的性腺发育状况，以决定催产时间。

（二）人工繁殖

1. 精、卵的获得

通过解剖法取少量性腺物质，涂于载玻片上的水滴中，呈个粒状散开的为雌贝，烟雾状散开的为雄贝。要求雌雄亲贝数量在100只以上，雌雄比例1∶1。用开壳器刮取卵巢盛放于容器中，挤出卵子，用200目筛绢网过滤后，使之呈细胞悬液状。用同样的方法取精子，用300目筛绢网过滤，最后用500目的筛绢网冲洗过滤除去组织液。取精卵过程中严格防止污染。

2. 授精与孵化

待卵细胞熟化15～20分钟后，在受精桶内加入精液，光镜下卵子周围3～5个精子为宜，防止多精入卵现象，精液过多时可用沉淀法洗卵3～4次，至水清为止。搅拌3～5分钟。孵化池为20～30米^{2}的室内水泥池，水深1.2～1.5米。孵化密度为30～50个/毫升，为防止受精卵沉积影响胚胎发育，可每隔30分钟用耙轻搅池水一次。精卵入池或者孵化桶后，调节充气量，不要过大，适时捞取水面泡沫。水源符合GB 11607—1989的规定，孵化用水符合NY 5052—2001的规定。水温22～28℃，盐度28～32，光照500～1 000勒克斯。定期观察胚胎发育情况，并搅卵。

3. 选优

受精卵孵化18～20小时至D形幼虫后，停气进行选优，用300目的筛网将活力好的D形幼虫移入培育池中，进行幼虫培育。

(三) 苗种培育

1. 幼虫培育

D形幼虫选优后在育苗池中培育密度一般以8~12个/毫升为宜，在整个幼虫培育过程中应根据发育情况适当调整幼虫培育密度。受精卵发育至D形幼虫后，投喂金藻等微藻；幼虫壳高达150微米以上，可投喂扁藻和小球藻等，此时生长速度也加快。前期保持水体单胞藻饵料密度 $3×10^4$~$5×10^4$ 个/毫升（以金藻为例）；随着幼虫生长，饵料投喂量应逐渐增加，后期应保持在 $5×10^4$~$8×10^4$ 个/毫升。一般日投饵量2~3次，在换水后投喂。每天早晚各换水一次，初期每次换水20%，后期逐渐增加到50%以上。每隔5天左右倒池一次。连续微量充气，每平方米放置1个气石，每分钟的充气量达到总水体的1%~1.5%。充气可以增加水体中的氧气，使幼虫和饵料分布均匀，有利于代谢物质的氧化。

2. 采苗

采苗器为壳高6~8厘米的栉孔扇贝壳片用12股聚乙烯线串成串，每串100片。反复冲洗后，用0.051%~0.1%的氢氧化钠溶液或0.2%的漂白粉溶液浸泡24小时，再用沙滤海水冲洗干净待用。每立方米水体30~50串（图9）。

图9 扇贝壳采苗器、附着在扇贝壳附着基上的长牡蛎"鲁益1号"苗种

当幼虫壳高达320微米以上、眼点幼虫比例达20%左右时，对眼点幼虫进行筛选，并移入已投放采苗器的水池中，密度控制在0.5~1个/毫升即可。附苗初期水位不应低于采苗器，采用流水方式换水，减少充气量。附着后24小时，可加大换水量及充气量。日投喂单胞藻饵料密度为 $1×10^4$~$2×10^5$ 个/毫升（以金藻为例）。附苗后5~10天，壳高≥1 000微米，一般每个扇贝壳附苗15~20个即可（图9）。为防止附苗密度过大，可将密度较大的幼虫分为多池采苗，或者多次采苗，即将采苗器分批投入并及时出池。

3. 稚贝中间培育及运输

在风平浪静、饵料丰富的内湾或海区，或水深 1.5 米以内的围塘进行中间培育 6～10 天，壳高生长到 500～800 微米时就可以出售。中间培育过程中及时清除肉食性腹足类、甲壳类等敌害生物和洗刷清除附着物。附着物大量繁殖季节，适当加深吊养水层。苗种运输采用干运法，气温在 25 ℃以下，途中采取措施以防晒、防风干、防雨、防摩擦，一般运输时间控制在 8 小时以内。

三、健康养殖技术

长牡蛎"鲁益 1 号"属广温广盐性养殖种类，可在温度 0～32 ℃、盐度 20～36 的海区存活，适宜在我国江苏及以北沿海饵料型单胞藻丰富的海域养殖。长牡蛎"鲁益 1 号"养殖技术与普通长牡蛎和长牡蛎"海大 3 号"养殖模式相同（参考《2019 水产新品种推广指南》），该新品种建议采用浮筏式养殖模式。

（一）健康养殖模式和配套技术

长牡蛎"鲁益 1 号"一般需要 1～2 年的养成期，主要养殖模式为浮筏式养殖。浮筏式养殖是一种深水垂下式养殖方法，它是在潮下带设置浮动式筏架，将附有蛎苗的养殖绳垂挂在筏架上进行养成。这种方法不受海区底质限制，能充分利用水体。由于牡蛎不露空，昼夜滤水摄食，生长迅速，养殖周期短。

1. 养殖海区条件

浮筏养殖应选择风浪较小、干潮水深在 5～20 米的海区；水温周年变化稳定，冬季无冰冻，夏季温度不超过 32 ℃；泥底、泥沙底或沙泥底均可，海区表层流速以 0.3～0.5 米/秒为宜；海区中浮游植物量一般不低于 4×10^4 个/升。此外，养殖海区应尽量避开贻贝、海鞘等大量繁殖附着的海区，不应有工业污染源。

2. 养殖浮筏

养殖浮筏是一种设置在海区并维持在一定水层的浮架。

（1）养殖浮筏的类型与结构　养殖浮筏基本上分为单式筏（又称大单架）和双式筏（又称大双架）两大类。实践证明，单式筏比较好，抗风能力强，牢固，安全，特别适用于风浪较大的海区。单式筏是目前我国牡蛎养殖的主要方式。

单式筏是由 1 条浮缏、2 条橛缆、2 个橛子（或石砣）和若干个浮漂组成。浮缏的长度就是筏身长，一般净长 60 米左右。橛缆和木橛是用来固定筏身的，橛缆的一头与浮缏相连，另一头在木橛上。水深是指满潮时从海平面到海底的高度。从安全的角度考虑，橛缆的长度一般是水深的2倍。

（2）养殖浮筏的主要器材及其规格

① 浮绠和橛缆。现在各地都使用化学纤维绳索，如聚乙烯绳和聚丙烯绳。浮绠和橛缆直径大小可根据海区风浪大小而定。一般在风浪大的海区采用直径1.5~2厘米聚乙烯绳，风浪小的海区采用直径1~1.5厘米聚乙烯绳。

② 浮漂。现在都使用塑料浮漂。浮漂呈圆球形，还设有2个耳孔，以备穿绳索绑在浮绠上。它比较坚固、耐用，自身重量小、浮力大，可承受12.5千克的重量。与聚乙烯浮绠配合使用，大大提高了养殖生产的安全系数。

③ 橛子或石砣。橛子有两种，一种是木橛，另一种是竹橛。一般海区，木橛的长度应在100厘米左右，粗15厘米左右。木橛打入海底前就要将橛缆绳绑好，其绑法有两种：一种是带有橛眼的木橛，将橛缆穿入橛眼后将橛缆固定在橛上；另一种是在橛身中下部横绑1根木棍，再用"五字扣"或其他绳扣将橛缆绑在木橛上，或者在橛身中部砍一道"沟槽"，将橛缆绑在"沟槽"处。

石砣是在不能打橛的海区，采取下石砣的办法来固定筏身。石砣的重量一般不能小于1000千克。其高度为长度的1/5~1/3，使重心降低，增加固定力量。石砣的顶端安有铁棍制成的铁鼻，铁鼻的直径一般为12~15毫米。

（3）养殖浮筏的设置

① 海区布局。筏子的设置不要过于集中，要留出足够的航道、区间距离和筏间距离，保证不阻流，有一定的流水条件。筏子的设置要根据海区的特点而定，一般30~40台筏子划为一个区，区与区间呈"田"字形排列，区间要留出足够的航道。区间距离以30~40米为宜，筏距以8~10米为宜。

② 筏子的设置方向。筏子的设置方向关系到筏身的安全。在考虑筏向时，风和流都要考虑，但两者往往有一个为主。比如风是主要破坏因素，则可顺风下筏；流是主要破坏因素，则可顺流下筏；如果风和流的威胁都比较大，则应着重解决潮流的威胁，使筏子主要偏顺流方向设置。

③ 打橛。通过打橛机进行，减轻了养殖工人的劳动强度。

④ 下石砣。下石砣的工具简单，只需2只养殖用的小船，几根下砣用的粗木杠及1条下砣大缆即可。

⑤ 下筏。木橛打好或石砣下好后，就可以下浮筏。橛缆或下砣缆随着打橛或下石砣时，就要绑在橛或石砣上，并在其上段系1只浮漂。下筏时，先将数台或数十台筏子装于舢板上，将船划到养殖区内，顺着风流的方向开始将第一台筏子推入海中，然后将筏子浮绠的一端与系有浮漂的橛缆或砣缆用"双板别扣"或"对扣"接在一起，另一端与另一根橛缆或者砣缆，用相同的绳扣接起来。这样一行一行地将一个区下满后，再将松紧不齐的筏子整理好，使整行筏子的松紧一致，筏间距离一致。

3. 养成方式

(1) 筏式吊绳养殖　养殖绳的长度可根据设置浮筏的海区深度而定，一般为 2~4 米。一般选用直径 0.6~0.8 厘米的聚乙烯绳或直径 1.2~1.5 厘米的聚丙烯绳做夹苗绳。将附有 10~20 个稚贝的扇贝壳夹在苗绳中间，间距 20~30 厘米，牡蛎长到一定大小时互相挤插形成朵后，可较牢地固定在夹苗绳上（图 10）。养殖绳也可以采用 14 号半碳钢线或 8 号镀锌铁线，将采苗时的贝壳串采苗器拆开，重新把各个贝壳附苗器的间距扩大到 20 厘米，串在养成绳上。养殖绳制成后，即可垂挂在浮筏上。养殖绳上的第一个附苗器在水面下约 20 厘米，各条养殖绳之间的距离应大于 50 厘米。

图 10　牡蛎吊绳养殖

(2) 筏式网笼养殖　山东、辽宁等地的筏式养殖牡蛎，常采用类似扇贝养殖的方法，即将附在贝壳上的蛎苗连同贝壳一起装在扇贝网笼内，再吊挂到筏架上进行养成（图 11）。每层网笼一般养殖牡蛎 40 粒左右，每亩可放养 12 万~15 万粒。

图 11　牡蛎笼养殖

筏式养殖的最大特点是把平面养殖改为立体垂养，牡蛎生长环境从潮间带滩涂改为水流畅通的潮下带深水海区，这对加快牡蛎的生长，提高单位面积产量，都有着积极意义。但筏式网笼养殖容易造成污损生物大量附着，而且养殖的器材设施一次性投资大，成本高；在深水外海养殖，还必须提高抗风浪能力，以防台风侵袭。

4. 分苗与养成时间

常温培育的长牡蛎"鲁益1号"苗种出库时间在6—7月，由于气温高，运苗时要防高温暴晒。一般在气温24℃以下时，途中不浇水不会死亡。蛎苗运至养殖海区后，需要装于网包内挂于海上暂养。每包8～10串，每串100片。暂养15～20天，蛎苗长到2～3毫米时进行分苗。分苗时，选择每片具有8个以上蛎苗的附着基进行夹苗。

蛎苗的养成周期，各地不尽相同。我国山东省养殖长牡蛎"鲁益1号"，第一年7月采苗，至第二年年底或第三年1—3月收获，从采苗至收获的养殖周期为16～20个月。

5. 日常管理

（1）保证浮筏安全　勤检查浮绠、橛缆与吊绳，发现问题及时修复，风浪过后要及时出海检查。

（2）调整浮力　要随着牡蛎的生长、浮筏负荷量的增加而及时调整浮漂数量，避免浮筏下沉，增强抗御风浪的能力。

（3）防止吊绳绞缠　吊绳要挂得均匀，防止吊绳绞缠在一起，造成脱落而影响产量。

（二）主要病害防治方法

长牡蛎"鲁益1号"养殖过程中，应注意防止复海鞘、柄海鞘、贻贝等污损物的附着，可通过降低水层的方法处理。污损物的附着可影响牡蛎的生长，严重时可导致牡蛎死亡。

四、育种和种苗供应单位

（一）育种单位

1. 鲁东大学

地址和邮编：山东省烟台市红旗中路186号，264025

联系人：杨建敏

电话：13953525462

2. 山东省海洋资源与环境研究院

地址和邮编：山东省烟台市长江路 216 号，264006

联系人：李斌

电话：18153518155

3. 烟台海益苗业有限公司

地址和邮编：山东省蓬莱市刘家沟镇海头村，265619

联系人：刘剑

电话：13361200101

4. 烟台市崆峒岛实业有限公司

地址和邮编：山东烟台芝罘区芝罘岛街道办事处崆峒岛居委会，264000

联系人：王中平

电话：13780939999

（二）种苗供应单位

烟台市崆峒岛实业有限公司

地址和邮编：山东烟台芝罘区芝罘岛街道办事处，264000

联系人：王中平

联系电话：13780939999

五、编写人员名单

杨建敏，王卫军，李彬，冯艳微，孙国华，李赞，徐晓辉

长牡蛎"海蛎1号"

一、品种概况

(一) 培育背景

牡蛎是一种重要的海洋水产资源,是传统的海洋食物,也是世界上最重要的海水养殖贝类之一。2018年我国牡蛎养殖面积约14.4万公顷,产量514万吨。我国牡蛎产量连续多年稳居世界首位,占同期世界产量的81%,但每年还要从欧洲、美洲和大洋洲进口一定数量的牡蛎,以满足国内高端市场的需求。我国牡蛎不但在国际市场的占有率低(3.3%),而且平均价格仅为其他国家的1/3。我国牡蛎产品达不到国际贸易的品质标准是导致这一现象产生的主要原因。因此,要提高我国牡蛎产业的经济效益,实现低质低效向高质高效模式的转型升级,提高牡蛎产品品质是首要任务。

糖原是牡蛎肉质品质的首要决定因素,糖原含量也与牡蛎肥满度密切相关。此外,糖原还与牡蛎的能量代谢和抗逆性密切相关。本育种项目的主要目标是培育高糖原含量的长牡蛎新品种,满足日益差异化、个性化的高端牡蛎市场需求。

(二) 育种过程

长牡蛎"海蛎1号"研究团队采用基因组重测序和同质化驯养技术全面厘清了中国沿海长牡蛎群体的遗传结构和性状特征。研究团队采集了我国11个地理群体的长牡蛎,从每个群体随机选取性腺发育良好的雌雄个体各30个,采用群体繁育的方式构建11个群体。各群体在青岛市古镇口湾海区采用同样养殖方式在同一环境下养殖,进行为期一年的同质化驯养,并检测各群体的糖原含量、生长情况和存活率等。

1. 亲本来源

以从河北乐亭长牡蛎野生群体中采集的约1 000个个体作为长牡蛎"海蛎1号"的基础群体。

2. 培育过程

2013—2016年,以糖原含量为目标性状,采用家系选育和基因模块选育技术，经连续4代选育，育成高糖原含量的长牡蛎"海蛎1号"。

（1）2013年在系统的种质评估的基础上，以乐亭群体牡蛎为基础群体。以亲本糖原含量均值为指标，选取前50%家系为高糖原品系G_1；从乐亭群体中随机选取100个个体为对照组亲本，采用群体交配的方式构建对照组，后续$G_2 \sim G_4$的对照组均为该群体的自繁群体。成贝阶段G_1核心家系的糖原含量平均值较对照组提高5.44%。

（2）2014年3月，根据系谱资料在交配前计算各亲本间亲缘关系，并估算各家系的育种值，选取前100个家系作为备选亲本家系；从每个家系中选取雌雄个体各3个作为繁育亲本构建G_2核心家系。2015年3月，G_2核心家系的糖原含量平均值较对照组提高9.36%。

（3）2015年3月，测量G_2核心家系的糖原含量，取糖原含量育种值前50%的家系，采用研究团队开发的糖原相关基因模块筛查家系对应亲本的基因型，初步获得候选家系；在每个家系中随机选取20个个体，采用长牡蛎微创取样技术进行基因型筛查，选取糖原含量具有优势的二倍型组合的200个个体作为繁育候选亲本。分别获取候选亲本的配子，采用群体繁育的方式获得高糖原品系G_3。2016年3月，成贝阶段高糖原品系G_3糖原含量平均值较对照组提高21.46%。

（4）2016年采用长牡蛎微创取样技术对高糖原品系G_3的2 000个个体进行DNA提取，并利用糖原含量相关的基因模块对其进行基因分型，从中筛查出糖原含量具有优势的二倍型组合的120个个体作为繁育亲本，分别获取候选亲本的卵子和精子，采用群体繁育的方式获得高糖原品系G_4。成贝阶段高糖原品系G_4糖原含量平均值较对照组提高24.66%，育成高糖原含量的长牡蛎"海蛎1号"。

（三）品种特性和中试情况

1. 品种特性

长牡蛎"海蛎1号"在相同的养殖条件下，与未经选育的长牡蛎相比，1龄成贝糖原含量（干样）显著提高，生长速度保持不变。1龄成贝怀卵量为500万～1 000万粒/个，环境适应性较强，更适宜在硅藻和金藻等单胞藻饵料丰富的海区养殖。长牡蛎"海蛎1号"具有糖原含量高的特点，具有显著区别于其他牡蛎的特点，产品的价值被大幅度地提高，有望成为牡蛎国际市场的高端产品。

2. 中试情况

中试期间选取长牡蛎主产区山东和辽宁沿海的3个养殖海区作为中试基地。其中青岛市古镇口湾和鳌山湾海域采用夹绳养殖的养成方式；大连市獐子岛海域采用笼式养殖的养成方式。长牡蛎"海蛎1号"2017年采用常温育苗,苗种来自莱州市鹏沅水产有限公司;2018年采用室内升温育苗的苗种,苗种来自烟台海益苗业有限公司。试验组为壳高2~3毫米的长牡蛎"海蛎1号",对照组为大连市獐子岛和青岛市古镇口湾、鳌山湾养殖海区的普通商品苗种。在每个试验海区的牡蛎养殖区中,按离岸距离选取3个不小于100亩的区域作为试验区;长牡蛎"海蛎1号"和对照组养殖筏架采用相间排列的方式,尽可能使养殖条件和管理方法一致。达到商品规格时,从各海区分别随机抽取1~2绳(笼)长牡蛎"海蛎1号"和对照组;将个体从附着基剥离后,统计死亡率;再从存活个体中随机选取30个个体进行壳高、体重的测量,同时采集软体部样品,在第三方检测机构进行糖原测定,并进行表型特征一致性、目标性状的改良效果及遗传稳定性分析。

2017—2019年完成连续两个年度的苗种繁育和生产性养殖对比试验。其中:2017—2018年在3个长牡蛎主养海区,"海蛎1号"在收获期的糖原含量较对照组提高24.77%~27.09%,显示出显著的优势,糖原含量的变异系数为7.43%~9.89%;2018—2019年在3个长牡蛎主养海区,"海蛎1号"在收获期的糖原含量较对照组提高23.82%~26.86%,显示出显著的优势,说明"海蛎1号"的遗传稳定性良好,糖原含量的变异系数为9.18%~9.65%。总之,在连续两年的三地中试过程中,长牡蛎"海蛎1号"均表现出较高糖原含量,连续两年糖原含量较对照组高23.82%~27.09%,遗传改良效果十分显著;糖原含量的表型变异率均低于10%,表型特征一致性良好,说明遗传稳定性较为可靠。

二、人工繁殖技术

(一)亲本选择与培育

1. 亲本来源与选择

长牡蛎"海蛎1号"亲贝为经系统选育后性状优良、遗传稳定、适合规模扩繁的群体,保存在特定的优良养殖海区。长牡蛎"海蛎1号"亲本应符合以下要求:壳高80~150毫米,个体重50~150克,次生壳无破损,壳高:壳长:壳宽=3:2:1,肥满度>10%。

2. 亲本培育

(1)室内亲本培育 将长牡蛎"海蛎1号"亲贝从养殖海区取回剥离为单体后洗刷干净,在室内培育池中用浮动网箱蓄养。密度为5~10千克/米^3,每12小时换水1次,每次1/2量程。每48小时倒池一次,采卵前7~10天停止倒池,适量换水。投喂金藻、硅藻等单胞藻或酵母粉、淀粉等代用饵料;日投饵量为单胞藻饵料浓度 20 万～30 万个/毫升，饵料每天分 6～12 次投喂，严禁投喂含激素或激素类物质的饵料。亲贝入池后先在常温海水中适应 3～5 天，后每天升温 0.5～1 ℃，至 22 ℃左右，稳定 5～7 天后等待采卵。

（2）室外生态培育　若计划产卵时间为 5 月中旬以后，可在 3 月将种贝从外海取回，放至水深 1～2 米、面积 2 000 米² 以上的饵料丰富的池塘。利用春季浅水池塘较外海升温快、饵料丰富的优势，使种贝性腺快速成熟。

（二）人工繁殖

1. 催产

牡蛎的精卵可以通过诱导排放和解剖法获得。

（1）人工诱导法　取性腺发育良好的长牡蛎"海蛎 1 号"亲本，将种贝阴干 1～2 小时后，放到 24～25 ℃的海水中 0.5～1.5 小时，一般雄性先产精，精子排放后将雄贝捞出，雌性后续产卵；若无雄贝排精，可解剖雄性牡蛎并将精子泼洒到催产池中。

（2）解剖法　打开牡蛎右壳，用牙签取少量性腺涂于载玻片上的海水中，呈颗粒状散开的为卵子，烟雾状散开的为精子。分别刮取雌性和雄性性腺并用 200 目筛绢过滤除去杂质，用水桶收集纯净的卵子和精子，卵子在海水中熟化 0.5～1 小时后即可开始授精。

2. 授精

精液浓度控制在 10 倍显微视野下每个卵子周围 1～10 个精子。孵化密度为 10～100 个/毫升，担轮幼虫期前每 2 小时搅池水一次。水温 24 ℃时，受精卵经 20 小时左右发育为 D 形幼虫。选优前停气 10 分钟，用 300 目的筛网将幼虫移入培育池。

（三）苗种培育

1. 幼虫培育

D 形幼虫培育密度一般为 10～20 个/毫升，随幼虫生长逐步降低密度，到眼点期控制在 2～3 个/毫升。D 形幼虫用金藻开口，开口后可投喂小球藻，壳顶中期后添加扁藻可加快幼虫的生长速度。金藻可支持从幼虫到稚贝的整个发育阶段。投饵频率为 2～8 次/天，投饵量视幼虫的摄食情况调整，适当增减。选优后加水量为培育池量程的 50%～60%，前 3～4 天每天加水 10%～20%，加满水后到附着前每天换水 20%～30%，附着后每天换水 50%。整个流程可无倒池操作，稚贝期可用虹吸法去除池底粪便。换水后添加 1～2 克/米³ 光合细菌和海洋红酵母等相关微生态制剂，增加有益微生物的比例，优化幼虫的生长环境。

2. 采苗

将壳高 5~8 厘米的栉孔扇贝壳或 8~12 厘米的虾夷扇贝壳中间打孔，用聚乙烯线每 100 片串成一串，投放密度为 40~50 串/米^3。当 30% 幼虫出现明显的眼点时，用 80 目的筛绢将眼点幼虫集中投放到附苗池，幼虫密度以 1~2 个/毫升为宜，一般 1~3 天后，每片采苗器有 10~20 个稚贝时，即完成附苗。收集幼虫投放到另外的采苗池继续采苗。眼点幼虫耐干能力较强，可进行远距离采苗，实现不同地区的优势互补，减少升温的能量消耗和附着基的运输费用及损耗。

单体牡蛎苗的生产原理是对眼点期幼虫进行适当的物理或化学处理，使之单独附着在不同基质或不附着变态为稚贝。常用方法如下：①用打包带或波纹板等有一定结构强度和韧性的无毒塑料材质作为采苗器，控制适当的附着密度，室内完成采苗后将采苗器放置到风浪较小、饵料丰富的池塘进行中间培育，当稚贝生长到 2 厘米左右时，弯曲塑料表面，稚贝脱离塑料表面成为单体牡蛎。②肾上腺素和去甲肾上腺素化学诱导法：用 80 目的筛绢筛选幼虫，选取眼点成熟度好，足开始伸出壳外的幼虫为处理材料，参考浓度为 10^{-4} 摩尔/升，处理时间为 1~3 小时，使之面盘、足丝退化，实现无附着基变态。③颗粒物采苗法：在幼虫出现眼点幼虫时，投放直径 300~500 微米的贝壳粉或石英砂颗粒等为固着基，通过充气和上升流系统使附着基颗粒均匀分布于水体中，通常每个颗粒附着一个稚贝较为理想。颗粒物增大有利于变态率提高，但单体率会下降，即一个颗粒固着 2 个以上稚贝的比例增大；颗粒直径过小，单体率升高，但附苗量降低。

3. 稚贝培育

幼虫附着变态后应加大换水量，日投喂单胞藻饵料密度为 1×10^5 ~ 2×10^5 个/毫升。稚贝壳高 1~3 毫米时，可转移到室外暂养池等待出售。一般暂养池与养殖海区水温差异小于 8 ℃时即可转移到外海养殖。稚贝的远距离运输要注意控制运输期间的温度和运输时间，一般 10~20 ℃条件下 48 小时内不会导致稚贝死亡。稚贝运至养成海区后，需要先将其放到网包中暂养 5~7 天，每包 1 000~1 500 片附着基，当稚贝长到 3~5 毫米时，选择每片具有 8 个以上稚贝的附着基进行夹绳。

三、健康养殖技术

（一）健康养殖（生态养殖）模式和配套技术

长牡蛎"海蛎 1 号"的养殖以浮筏养殖模式为主，该模式的优点是生长速度快，可缩短养殖周期；养殖水层与海底有一定距离，可躲避底栖敌害生物；

受海区底质限制弱,可扩展养殖空间。海区需低潮时水深 4 米以上,有淡水注入的湾口海区为佳;冬季无海冰,夏季不超过 30 ℃;表层流速以 0.3~0.5 米/秒为宜,尽量避开贻贝、海鞘等规模附着区,养殖水质应符合 NY 5052—2001 的规定。

1. 设施条件

一条养殖浮筏由 1 条浮绳、2 条橛绳、2 个木橛及若干个浮球组成(图 1)。

图 1 筏式养殖海区

浮绳和橛绳的直径根据海区风浪而调整,一般海区采用直径 1.5~2 厘米的聚乙烯绳。浮绳的长度一般为 50~100 米,橛绳的长度视水深而定,一般为水深的 2 倍左右,浮绳的间距一般为 10~15 米。

传统的黑色浮球呈圆球形,底部有 2 个耳孔,通过绳索子绑在浮绳上,主要材质为废弃回收塑料,长期使用有污染问题。目前有新型环保聚氯乙烯充气浮球,最大优点是浮力大且可调节,在风浪大的天气可使浮绳均匀沉降,减少牡蛎脱落的损失;其次是可用时间长,有益于环保,不会产生大量的泡沫塑料垃圾。

木橛的长度一般为 100 厘米,直径 15 厘米,在上端 1/4 处打有孔洞,将橛绳穿过木橛的孔洞并打结,进而完成对浮绳的定位。

2. 筏式吊绳养殖模式

当稚贝壳高达到 0.5~1 厘米时,即可将采苗器固定在直径 0.6~1.5 厘米的聚乙烯或聚丙烯材料的绳上,依养殖海区水深条件,绳长一般 1.5~4 米。用直径 0.6~0.8 毫米的聚乙烯线将采苗器固定在养殖绳上,采苗器的间距 10~15 厘米,每条养殖绳 10~35 个采苗器,养殖绳底部连接一个约 200 克的石坠。第一次挂海养殖时，一般每30绳一组悬挂在养殖绳上，当稚贝壳高2~3厘米时，将其分为单根，各条养殖绳的间距应为20~30厘米。这种养殖方式可将牡蛎从稚贝阶段养到成贝阶段，但随着牡蛎的生长，其抗风浪能力显著下降，牡蛎脱附着基的概率大大提高，因而需要注意风浪的影响。一般可以在风浪较大季节来临前将壳高6~8厘米以上的牡蛎从附着基剥离后装笼，减少风浪可能带来的损失。

牡蛎养殖过程中不需要投放饲料，但仍需要进行一定的管理：及时清理黏附在浮绳和浮球上的贻贝、杂藻等附着物；随着牡蛎生长，浮筏的负重会增加，需要及时增加浮球以保证有足够的浮力，防止台架下沉甚至陷入海底，从而影响牡蛎生长；台风来临前提前做好浮筏的加固工作，台风后及时维修筏架，解开缠绕的养殖绳，防止相互摩擦导致牡蛎规模脱落。

3. 筏式网笼单体养殖和育肥模式

筏式网笼养殖的设施和布局与吊绳养殖基本相同，主要区别为牡蛎的养殖器具为网笼。目前产业中广泛采用的筏式网笼养殖通常为稚贝经筏式吊绳养殖1年后，在秋冬季进行转场育肥的阶段性养殖方式。每层网笼一般放牡蛎30粒左右，每笼15~20千克，笼间距一般1~1.3米，每亩可养10万~12万粒。从稚贝到成贝均采用筏式网笼养殖方式的比例很低，主要在某些风浪较大，且水深较深，不宜进行吊绳养殖的海区；此外进行单体牡蛎养殖需要采用筏式网笼养殖方式，这种方式的设施投资和人工成本相对较高，主要原因为春夏季网笼容易被污损生物大量附着，影响水流的交换能力，且筏架负载较重，养殖笼的破损率高，需要定期分笼。而成贝转场育肥通常在秋冬季，避开了附着高峰期，且牡蛎外壳生长较少，主要表现为软体部的增重，育肥阶段基本不需要分笼，从而阶段性地避免了筏式网笼养殖的劣势，因而在产业中应用广泛。适当控制育肥海区的养殖密度可提升长牡蛎"海蛎1号"的糖原含量，进而提升牡蛎产品的品质。

（二）主要病害防治方法

1. 牡蛎疱疹病毒病

牡蛎疱疹病毒（ostreid herpes virus-1，OsHV-1），是牡蛎等双壳类的致死性病毒，对贝类幼虫及稚贝的致死率达40%~100%，但对成贝的致死率和敏感性较低。从世界范围看，该病毒的分布有愈来愈广的趋势，几乎年年暴发，对国外牡蛎产业影响巨大，在我国牡蛎幼虫和成贝均有检测到牡蛎疱疹病毒，但尚无因该病毒而规模死亡的直接证据，故对目前我国牡蛎产业的影响不大。该病毒变异性很强，不断增加的变异株使得很难掌握其致病性，因此也很难采取有效措施阻止和控制该病毒的暴发。牡蛎的高密度养殖、长期应激压力都会导致病毒暴发及高频率的变异。该病毒主要发生在外套膜、唇瓣及消化腺的结缔组织，患病牡蛎表现为结缔组织溶解、消化管肿胀及血细胞浸润等。已有的大量数据表明，牡蛎疱疹病毒的暴发具有明显的季节性，即主要集中在夏季，低于16℃则很少发生规模死亡事件。牡蛎疱疹病毒可通过多种途径传播，包括贝类个体间的水平传播及垂直传播、海水传播、水中颗粒传播、其他生物传播等。高密度养殖模式使贝类生活空间局促、体质下降，病毒传播距离缩短，从而加剧了病毒的暴发与流行。

为了避免该病毒的暴发，有必要注意控制养殖密度。此外控制水温也可以减缓该病毒的暴发，室内水池等可控水体可采取降低水温的方法，外海养殖可通过降低水层来降低水温。此外，鉴于该病毒对幼虫和稚贝影响较大，且存在垂直传播现象，可在亲本繁育前进行病毒载量的检测，去除带病毒的亲本，从而降低幼虫和稚贝感染牡蛎疱疹病毒的概率。

2. 单孢子虫病

单孢子虫病是由尼氏单孢子虫（*Haplosporidium nelsoni*）和沿岸单孢子虫（*Haplosporidium costale*）引起的疾病。尼氏单孢子虫简称为MSX，沿岸单孢子虫简称为SSO。单孢子虫病主要感染牡蛎幼虫，在成体中发生概率不高，发病时鳃和外套膜为红褐色。患病牡蛎肌肉消瘦，生长停止，在环境条件较差时则引起死亡。目前尚无有效药物治疗单孢子虫病，采用其他贝类原虫防治方法对该病原有一定的效果。将感染孢子虫病的成贝转移到低盐海区，可去除孢子虫的感染。

3. 马尔太虫病

马尔太虫病是由折光马尔太虫（*Marteilia refringens*）和悉尼马尔太虫（*M. sydney*）所引起的。折光马尔太虫主要感染消化道上皮，患病个体的表现为肥满度变低，消化腺颜色变浅，糖原含量低，生长停滞，逐渐死亡。早期感染主要为外套膜的纤毛、胃、消化道及鳃上皮。悉尼马尔太虫的大量感染会导致消化腺上皮细胞的破坏，感染后不到60天就会使牡蛎饿死。马尔太虫病现在还没有实际可行的治疗措施，也没有有效的疫苗，只是采取一些预防措施和化学方法来暂时控制该病的暴发。采用较低温度（<17℃）的养殖环境有利于减少感染。

四、育种和种苗供应单位

（一）育种单位

中国科学院海洋研究所

地址和邮编：山东省青岛市南海路7号，266109

联系人：李莉
电话：13969696697

（二）种苗供应单位

胶南市丛林水产有限公司
地址和邮编：山东省青岛市琅琊镇，266408
联系人：李崇林
电话：13864205579，15854218720

五、编写人员名单

李莉，丛日浩，张国范

三角帆蚌"浙白1号"

一、品种概况

（一）培育背景

三角帆蚌（*Hyriopsis cumingii*）隶属于软体动物门（Mollusca）、瓣鳃纲（Lamellibranchia）、真瓣鳃目（Eulamellibranchia）、蚌科（Unionidae）、帆蚌属（*Hyriopsis*），是我国特有种。到目前为止，国内淡水贝类中三角帆蚌所产的珍珠质量最好，因此是我国生产淡水珍珠的当家品种。

颜色及色度均一性是衡量珍珠价值的重要指标之一。三角帆蚌所产珍珠颜色主要有白、黄、紫等基本色相，每种色相又包含很多色度（颜色深浅）。淡水珍珠的大宗产品以项链为主，白色是珍珠的主流色。为了制作颜色一致、色度均匀的高品质项链，需进行人工分拣和化学漂白等处理，技术要求高、人工成本大。此外，化学漂白处理会破坏珍珠表面结构，降低光泽度，严重影响珍珠品质，并产生环境污染。如果人工分拣不同颜色珍珠，结果仍然会存在一定色差，从而影响珍珠项链的价值。因此，天然纯白色珍珠质量高、价格昂贵。

运用群体选育技术，通过连续多代人工选育的三角帆蚌"浙白1号"新品种，能够生产纯白色珍珠。该品种适宜在全国可控淡水水体养殖。

（二）育种过程

1. 亲本来源

三角帆蚌"浙白1号"的亲本来源是2002年从浙江义乌三角帆蚌自然养殖群体中收集挑选的2 000只个体，在此基础上采用群体选育技术进行连续5代选育而成。

2. 技术路线

三角帆蚌"浙白1号"选育技术路线如图1所示。

3. 选育过程

2002年4月，将从义乌选留的2 000只个体作为亲本进行配组扩繁，繁育

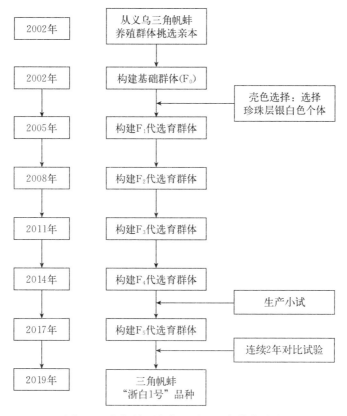

图 1 三角帆蚌"浙白 1 号"选育技术路线

获得基础群体（F_0 世代）。经过池塘幼蚌培育、分段式选择、后备亲本选留、亲本挑选配组等环节，从 2005 年 F_1 到 2017 年 F_5 连续 5 代群体选育，珍珠层白色比例达到 90% 以上。用 F_5 代选育群体作为制片蚌，能够稳定生产白色珍珠。通过建立扩繁基地，该品种已经可以规模化供苗。

（三）品种特性和中试情况

1. 品种特性

（1）形态学特征 三角帆蚌"浙白 1 号"贝壳大而扁平，壳面颜色呈黄褐色或深青色，厚而坚硬，后背缘向上伸出一帆状后翼，使蚌形呈三角状（图 2）。"浙白 1 号"的外部形态与浙江养殖群体基本一致，壳略宽短；与鄱阳湖野生群体相比差别明显。对壳长在 7.0～10.0 厘米的三角帆蚌"浙白 1 号"比例性状值进行统计，结果见表 1。

图 2　三角帆蚌"浙白 1 号"形态特征

表 1　三角帆蚌不同群体比例性状值（平均值±标准差）

种群	壳长/壳高	壳长/壳宽	壳高/壳宽	壳长/体重	壳高/体重	壳宽/体重
"浙白1号"群体	1.89±0.08	4.23±0.46	2.03±0.35	1.77±0.25	1.09±0.17	0.51±0.22
浙江养殖群体	1.99±0.20	4.18±0.24	2.21±0.46	2.29±0.16	1.17±0.18	0.49±0.02
鄱阳湖野生群体	2.21±0.16	4.68±0.22	2.13±0.22	1.40±0.28	0.64±0.12	0.30±0.06

（2）内部特征　三角帆蚌"浙白 1 号"贝壳珍珠层为纯白色，在闭壳肌大小、内脏团肥满度、外套膜边缘膜厚度等性状上与养殖群体基本一致。在人工养殖条件下性腺 2～3 年即可成熟。用"浙白 1 号"作为制片蚌培育珍珠为纯白色，色泽均匀。

2. 中试情况

2011—2012 年，在武义县王宅镇韶华珍珠养殖场对三角帆蚌"浙白 1 号"进行育珠养殖生产对比试验。结果表明，选育组生产白色珍珠的性能明显优于同期同法养殖的普通群体，白色珍珠比例提高 39.24%，白色珍珠比例提高率为 119.67%。

2014—2015 年，在兰溪市卧龙源水产养殖有限公司对三角帆蚌"浙白 1 号"进行育珠生产对比试验。结果表明，"浙白 1 号"生产白色珍珠的性能明显优于同期同法养殖的普通养殖群体，白色珍珠比例提高 42.35%，白色珍珠比例提高率为 123.51%。

二、人工繁殖技术

（一）亲本选择与培育

1. 亲本来源

三角帆蚌"浙白1号"亲本为经数代人工选育、性状优良、遗传稳定的群体，其亲本目前保存在浙江金华国家级三角帆蚌良种场。

2. 培育方法

培育池的水色以黄绿色、褐色为佳，透明度30～40厘米，为此要注意及时用生物有机肥和投鱼饲料。在6—9月，每月施N-RE（稀土）和生石灰1次，用量分别为100克/亩和10千克/亩，使pH保持在6.5～8.0，溶解氧含量4.0～8.0毫克/升，饵料生物（包括腐殖质）量10～20毫克/升。

（二）人工繁殖

1. 亲本配组

亲本经过育肥后，挑选体质健硕的雌雄蚌，在春节前移入繁殖大棚，同时，开始覆盖塑料薄膜。大棚内水池保持水位1～1.2米，以利于吸收太阳光提高水温，以便蚌3月初产卵。

2. 受精及胚胎发育

当水温18～30 ℃（最适水温20～25 ℃）时，卵细胞发育成熟，雄蚌将精子排入水中，雌蚌将精子吸入外鳃，精子与卵子在外鳃育儿囊中相遇完成受精。完成受精后的胚胎在鳃腔育儿囊中进行发育，1周左右即发育为钩介幼虫，然后从母蚌鳃腔内排出。

3. 钩介幼虫的人工采集

（1）成熟度检查　用开壳器轻轻撑开蚌壳，然后用探针的尖端在孕育鳃的中部刺挑出少许钩介幼虫，如果挑出的钩介幼虫能互相粘连成一条链丝，或将钩介幼虫置于显微镜下观察，单个视野中的钩介幼虫全部或大多数破膜，且两壳已能微微扇动、足丝粘连，说明钩介幼虫已经基本成熟。

（2）催产　将雌蚌贝壳表面清洗干净后，在阴凉处露空阴干30分钟左右，然后将其平放在底径约50厘米、高20～25厘米的大盆中，每盆放10～20只，不叠层为宜，加清水（与池水温差不超过2 ℃为宜）至刚好浸没雌蚌。此后，母蚌开始陆续排放钩介幼虫，待每升水体中雌蚌排出的钩介幼虫达到5万～6万只时，取出雌蚌。

（3）采集　采集钩介幼虫的寄主鱼以黄颡鱼为最佳，要求无病无伤，体表光滑且黏液丰富，个体重以50～200克为宜。每繁育100万只蚌苗准备75千克寄主鱼。在采苗前，黄颡鱼应停食2天。

采苗时轻搅大盆中的钩介幼虫使其散开。将寄主鱼放入产苗盆内，每只雌蚌通常放入寄主鱼0.5～1千克。采苗时间控制在10～20分钟，以每尾寄主鱼寄生钩介幼虫1 000～2 000只为宜。采苗期间，用一个小型增氧泵给产苗盆中增氧。采好苗的寄主鱼应及时放入流水育苗池内饲养。

4. 采苗后寄主鱼的饲养管理

采苗后的寄主鱼放入流水育苗池内饲养，放养密度以1～1.5千克/米^{2}为宜，水流量以300～500毫升/秒为宜。饲养过程中依据每日平均水温预测脱苗时间，脱苗时间与水温关系参见表2。

表2 脱苗时间与水温关系

水温（℃）	脱苗时间（天）
18～19	14～16
20～21	12～13
23～24	10～12
26～28	6～7
30～35	5～6

5. 脱苗

先将育苗池清理干净，加注新水。再把寄主鱼从暂养池中捞出，放入育苗池。等寄主鱼鳃丝及鳍条上的小白点消失（已经从钩介幼虫发育为稚蚌），适时把寄主鱼捞出，即完成脱苗。

（三）苗种培育

1. 稚蚌培育

钩介幼虫成熟变态为稚蚌从鱼体身上脱落后，需要进行专门的微流水培育。每个育苗池配备1～3个喷头，尽量使水池四周供水均匀，不留死角；采用自然外溢法排水，以防稚蚌被水流冲出。培育期间每天2次用自制喷气翻池工具搅动稚蚌培育池，以增加水体溶解氧并防止稚蚌在池底局部堆积。

2. 幼蚌培育

三角帆蚌稚蚌生长到壳长1厘米左右后即可以出池，放入池塘养殖，进入幼蚌培育阶段。幼蚌培育网箱采用竹木条子和网片制成，规格为40厘米×40厘米×10厘米，下半部用塑料薄膜垫上。放苗前在网箱中加2厘米厚的营养土（配方为：干塘泥80%，经过充分发酵的生物有机肥20%，加上100～300

毫克/升复合稀土）。网箱吊养深度25~30厘米，箱间隔50厘米，每一排箱间距为2米，水质要求同亲蚌培育池。每箱放养稚蚌100~150只。一般当年繁殖幼蚌在8—9月即可达到6~8厘米。

随着幼蚌体重与壳长的生长，可逐渐调节养殖密度。达到手术规格及可进行育珠手术。

三、育珠手术操作

三角帆蚌"浙白1号"，最适用于制片，亦可用于育珠。

1. 无核珍珠手术操作

先解剖6~8厘米的三角帆蚌"浙白1号"，将外套膜外表皮组织取出，切成4~5毫米见方的组织小片，再移植到另一只（同一品种或其他选育的育珠蚌品系）三角帆蚌的外套膜结缔组织层中。再通过术后休养、野外水体养殖，使上述组织小片吸收育珠蚌提供的营养而进行细胞分裂，逐渐愈合形成珍珠囊，最终孕育成珍珠。

2. 有核珍珠手术操作

先解剖6~8厘米的三角帆蚌"浙白1号"，将外套膜外表皮组织取出，切成2~3毫米见方的组织小片备用。将育珠蚌固定于手术架上，在外套膜或内脏囊中植入珠核，再植入上述组织小片并使之贴核。通过术后休养、养殖，最终孕育成珍珠。

四、健康养殖技术

（一）养殖模式

三角帆蚌"浙白1号"在育珠阶段，主要采用池塘蚌鱼混养的生态养殖模式进行养殖。

育珠蚌采用网片吊养，吊养深度以40~50厘米为宜。随着蚌龄增长逐渐调节养殖密度，1龄蚌：1 200~1 500只/亩；2龄蚌：1 000~1 200只/亩；3龄蚌：800~1 000只/亩；4龄蚌：600~800只/亩。

混养鱼类品种主要有：田鲤、鲫、青鱼、草鱼等各类吃食性鱼，可配养鲢、鳙150尾/亩（鲢、鳙比例为3∶1），虾苗5 000尾/亩。总载量500~1 000千克/亩。

（二）主要病害防治方法

三角帆蚌养殖要坚持"无病先防、有病早治、以防为主、防治结合"的综合防治原则。

1. 改善水体环境

在养殖生产过程中水体有机质含量会增高，出现藻相失衡、底质发黑等现象。首先进行水质、底质的改善。

（1）物理方法　引入清新洁净的水源改善育珠蚌吊养水体环境，稀释有毒有害物质；如果育珠池水体藻相失衡，出现微囊藻水华或裸藻水华等，可引入水色良好的池塘水源，以调整藻类结构。在生长季节每隔半月补充施用生石灰10千克/亩，促进藻相平衡。

（2）生物方法　在水体施用光合细菌、硝化细菌群等益生菌，维持水体良好的菌相，抑制致病细菌群的数量和种类。为了保证生物制剂的效果，养殖水体尽可能少用杀虫、消毒类药物，换水量不要太大。

2. 杀虫和消毒

养殖水体有可能感染各种寄生虫和细菌等病原，可以根据寄生虫的种类选择合适的杀虫药。如有育珠蚌喷水无力等现象时，可以用二氧化氯等进行杀菌消毒。

3. 口服豆浆药饵

经过杀菌消毒，水体饵料生物往往减少，采用"豆浆药饵"法内服外用相结合，可以提高育珠蚌抗病能力，降低水体消毒药物的副作用，使育珠蚌体质很快恢复。

五、育种和种苗供应单位

（一）育种单位

1. 金华职业技术学院

地址和邮编：浙江省金华市婺城区海棠西路888号，321000

联系人：张根芳

电话：13305795499

2. 金华市威旺养殖新技术有限公司

地址和邮编：浙江省金华市婺城区双溪西路河道街42号，321000

联系人：方爱萍

电话：13017963996

（二）种苗供应单位

金华市威旺养殖新技术有限公司

地址和邮编：浙江省金华市婺城区双溪西路河道街42号，321000

联系人：方爱萍
电话：13017963996

六、编写人员名单

张根芳，罗雨，方爱萍，张文府，叶容晖

池蝶蚌"鄱珠1号"

一、品种概况

（一）培育背景

池蝶蚌（*Hyriopsis schlegelii*）隶属软体动物门（Mollusca）、瓣鳃纲（Lamellibranchia）、古异齿亚纲（Palaeoheterodon）、蚌目（Unionoida）、蚌科（Uniondiae）、帆蚌属（*Hyriopsis*），为我国一种重要的淡水育珠蚌，养殖面积超过20万亩，覆盖全国淡水珍珠主产区。由于池蝶蚌外套膜结缔组织发达厚实、珍珠分泌能力强、贝壳珍珠层厚且光泽强、晶杆粗长、生长速度快、壳间距离宽、培育大规格珍珠比例高而深受养殖珠农喜爱，市场供不应求。

珍珠是人们喜爱的产品，淡水珍珠人工养殖历史悠久，近年来，随着珍珠产业的快速发展，三角帆蚌自然资源遭到严重破坏，依靠三角帆蚌人工苗种支撑的淡水珍珠产业因前期盲目追求产量，导致三角帆蚌种质严重退化，优质珍珠产出率较低，产业产值较低，影响了产业的可持续发展。针对产业瓶颈，我国淡水育珠科学家虽已开发了不同育珠蚌源和新品种，培育了"康乐蚌"、三角帆蚌"申紫1号"和池蝶蚌，但优质珍珠产出率较低和良种退化等问题仍然没有得到根本解决，仍未满足终端市场多样化的需求，特别是优质大规格珍珠在市场仍供不应求，培育优质大规格珍珠的育珠蚌新品种迫在眉睫。

为此，利用池蝶蚌较三角帆蚌壳间距宽、外套膜厚、珍珠质分泌能力强和培育大规格珍珠的潜力很大的优势，人工选育出性状稳定的宽壳型淡水育珠蚌新品种，用于培育优质大规格珍珠，成为推动淡水珍珠养殖产业高质量发展的重要途径之一。

（二）育种过程

1. 亲本来源

1997年从日本琵琶湖引进池蝶蚌108只，1997—1998年开展了繁殖和种质评估，结果表明其群体遗传多样性丰富，部分个体壳间距较宽，具有明显的育珠性状优势,并确定其为选育基础群体。

1997年,课题组确定了"边研究、边养殖、边繁殖、边育珠、边选育"的工作思路,利用39只雄蚌和69只雌蚌作为选育系F_0的后备亲本,共繁育48万只个体,在1龄、2龄、3龄和4龄后备亲本选育中按照壳宽与壳长的比值的大小排列,分别取前10%、30%、50%和70%个体,留种率为1.05%。

2. 选育过程

采用群体定向选育的方法,以壳间距离大为选育指标,以"壳宽/壳长"值为参考值,开展池蝶蚌宽壳型良种系统选育。经过连续6代的继代选育及定向纯化、生长性状选择反应及其现实遗传力估算、遗传多样性分析和育珠性状关联分析,获得了育珠优势明显、遗传稳定的优质宽壳型的池蝶蚌"鄱珠1号"新品种。技术路线见图1。

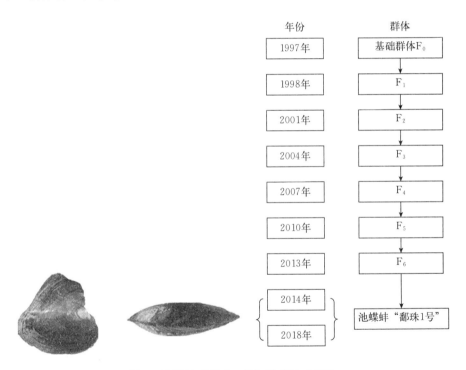

图1 池蝶蚌"鄱珠1号"选育技术路线

(三)品种特性和中试情况

1. 品种特性

池蝶蚌"鄱珠1号"具有两壳间距离大、适合培育大规格圆形珍珠、固核率高、珍珠产量高、优质珠比例大等优点,生长性状可以稳定遗传。在相同养殖密度和养殖方式下,"鄱珠1号"与同龄的池蝶蚌引进群体相比,壳宽值平均提高25.35%,壳宽与壳长的比值平均提高17.82%。单蚌培育有核珍珠产量平均提高58.11%,优质珠比例平均提高35.8%;培育无核珍珠3级以上比例平均提高8.59%,直径10毫米以上比例平均增加1.92倍。该品种可在全国各地人工可控的淡水水体中养殖。

2. 中试情况

2014—2018年,培育池蝶蚌"鄱珠1号"蚌苗分别在金华市威旺养殖新技术有限公司养殖基地和江西云卡思科技有限公司养殖基地进行养殖和育珠中试及生产性对比试验。养殖面积800亩,池蝶蚌"鄱珠1号"生长优势显著、育珠效果好、优质珠比例大,其生长速度、培育有核珍珠单蚌产量、培育无核珍珠单蚌产量、培育有核珍珠优质珍珠比例、培育无核珍珠3级以上比例和直径10毫米以上比例分别比F_1对照组提高了8.48%~9.17%、53.62%~62.32%、51.62%~53.64%、33.76%~37.92%、7.71%~9.15%和1.81~2.05倍。

二、人工繁殖技术

(一)亲本选择与培育

池蝶蚌"鄱珠1号"亲贝为4龄或5龄个体,到6龄以后的繁殖能力逐渐衰退。繁殖用亲蚌来自抚州市水产科学研究所池蝶蚌良种场。将繁殖用的亲蚌按雌雄比2:1均匀吊养到培育池中,吊养密度为600~800只/亩。池水深度控制在60~70厘米,亲蚌吊挂水深控制在20~30厘米,培肥水质,以满足亲蚌发育所需的营养,加快亲蚌的性腺发育。培育过程应做好施生物肥、换注水、水质调节、驱赶水中敌害等工作。采卵排精的亲贝,多挑选壳长14厘米以上、体质健壮无病、闭壳力强、内脏器团无伤残、外观规整、性腺发育饱满、成熟度好的池蝶蚌"鄱珠1号"。可根据外观、鳃丝和内脏团的特征来鉴别雌雄,同龄的雌蚌个体比雄蚌略大,雌蚌生长线稍宽、后端较圆钝、外鳃丝间距较密;雄蚌后端略尖、外鳃丝间距较疏。生殖季节,雌蚌内脏团丰满呈深黄色;雄蚌内脏团细小呈乳白色。

(二)人工繁殖

池蝶蚌"鄱珠1号"有效的催产方法是阴干与流水刺激相结合,池蝶蚌"鄱珠1号"的繁殖季节与水温和气温有一定的关系。从江西省养殖情况看,繁殖季节为4—6月,比三角帆蚌晚7天左右。

1. 寄主鱼的选择与准备

应选择体长在 15 厘米左右、体质健壮的黄颡鱼,可按每繁殖 1 万只蚌准备 0.5 千克鱼,专池培育,寄生前要培育好。

2. 钩介幼虫成熟度的鉴定

钩介幼虫成熟的标志是已脱离卵膜,足丝和钩具有附着力。鉴别时,用开口器打开雌蚌,如外鳃饱满呈橙黄色、棕色或紫色,说明已成熟。用开口针刺破外鳃,若能带出一条长而连续的细丝,表明钩介幼虫已破膜,成熟度较好,可以进行采苗。

3. 人工采苗

挑选成熟亲蚌后,需干放于避阳处 4~6 小时,用大脚盆静水采苗,亲蚌排钩介幼虫后过滤杂质,随即放入寄主鱼(黄颡鱼)进行采苗,当黄颡鱼的鳃、体表、鳍条等部位寄生了一定的钩介幼虫并形成包囊后采苗结束。

4. 蚌苗培育

寄生后的黄颡鱼放入繁殖池中进行流水培育,在整个蚌苗培育过程中,对繁殖池进行喷射流水,前期较小,随着蚌苗长大而逐渐加大喷射流水量,不留死角,以保证池内蚌苗的营养和氧气;随着蚌苗的生长,要经常向池子中加入营养土并每天洗池;随着蚌苗的长大,在蓄水池中适量施经充分发酵的有机肥或豆浆,促进浮游生物的繁殖,为蚌苗提供充足的饵料,加快蚌苗的生长。当蚌长到 1 厘米左右时就可以出池,转入幼蚌培育。1 龄、2 龄蚌用 40 厘米×40 厘米×10 厘米网框吊养。

(三)苗种培育

池蝶蚌"鄱珠 1 号"蚌苗培育的日常管理包括:流水培育、加入营养土、洗池和水质调节。流水培育:在整个蚌苗培育过程中,对繁殖池进行喷射流水,前期较小,随着蚌苗长大而逐渐加大喷射流水量,不留死角,以保证池内蚌苗的营养和氧气。加入营养土:刚脱离鱼体的蚌苗应及时加营养土,使池子中的土保持在 1 厘米,供蚌苗潜埋生活。以后随着蚌苗的生长,要经常向池子中加入营养土。洗池:由于在刚脱苗时蚌苗还没有变扁,不能竖起来,同时由于蚌苗在生活时不断排出粪便,与水底的淤泥混在一起,沉积于池底,长期积累而腐败,影响蚌的生活,因此要每天洗池子,方法是先关掉进水管,用手轻轻搅拌水体,不要碰到池底,使全池的蚌能够翻身,也可使沉淀污物浮起,随水流而排出,洗完后立即放水。水质调控:培育蚌苗的水,要求水源充足,无污染,水质清晰,溶解氧不能低于 5 毫克/升。刚脱苗时的水质要求水质清新,透明度稍大。随着蚌苗的长大,在蓄水池中可适量施用 EM-原露等生物制剂;在蓄水池的进水口要定时、适量地施经充分发酵的有机肥,或用 EM-原露等生物制剂混在有机肥中发酵后施用；也可施用菜籽饼或豆浆等，以促进浮游生物的繁殖，为蚌苗提供充足的饵料，加快蚌苗的生长。在培育蚌苗的同时要经常检查蚌的进食情况、营养土的厚度等，发现情况要及时处理。

三、健康养殖技术

（一）健康养殖（生态养殖）模式和配套技术

1. 适宜的养殖场所

池蝶蚌"鄱珠1号"养殖应选择水源充足、进排水方便、长期保持微流水的场所；要求水质清新，溶解氧高，无污染，水质符合国家渔业水质标准。水深1.5~2.5米，面积大的水域，水深还可大些。水温8~38℃，最适水温为20~32℃。pH 7~8.3为宜。水体中钙离子含量在10~15毫克/升，且含有一定量的镁、硅、锰、铁等营养盐类。水体中饵料生物丰富，以硅藻、金藻、绿藻、裸藻等浮游植物为主，再加上小型浮游动物和有机碎屑，水色以黄绿色为好，透明度以30厘米左右为宜，保持养殖水体"肥、活、嫩、爽"。

2. 养殖模式和配套养殖技术

一般采用鱼蚌混养的健康养殖模式，辅以施用生物肥料、生物制剂调节水质等。分培育无核和有核珍珠两种不同养殖模式。

（1）养殖密度　无核珍珠育珠蚌前期养殖密度为1 000~1 200只/亩，后期为800~1 000只/亩；有核珍珠育珠蚌养殖密度800~1 000只/亩。

（2）放养方式　刚接种的无核育珠蚌采用40厘米×40厘米×10厘米网框吊养，每框放养30只，两排间距4米，两框之间相距0.8米，在水面上均匀排列。养殖1.5年后换成长网袋吊养，每袋放养6只，两排间距4米，两袋之间相距0.6米，在水面上均匀排列。接种的有核珍珠育珠蚌则采用长网袋吊养，每袋放养6只，两排间距4米，两袋之间相距0.6米，在水面上均匀排列。

（3）混养鱼放养　以主养草鱼为例：放养规格为10尾/千克的草鱼600尾/亩，搭配放养鳙50尾/亩、鲢15尾/亩、鲫50尾/亩。

（4）养殖管理　在蚌的生长旺季每月需施用一次生石灰以增加水中的钙质，用量为10~15千克/亩，要求生石灰必须兑水全池泼洒，改良水质，促进蚌的生长。4—11月每半月施用生石灰一次，用量15千克/亩；7—10月高温季节适当增施一些高效生物肥料。定期向养殖水域中加注新水，有条件的可长期保持微流水。每月进行浮游生物定性定量分析和理化因子测定，根据测定分析情况调节水质，使池水长期保持"肥、活、嫩、爽"。

(二) 主要病害防治方法

1. 不同养殖阶段的病害和敌害生物

（1）育苗阶段　池蝶蚌"鄱珠1号"稚蚌培育中后期，须严防摇蚊幼虫、羽苔虫、鱼、虾、蟹、鼠等敌害生物的危害。

（2）土池中间育成阶段　池蝶蚌"鄱珠1号"中间育成阶段发现育珠蚌肠道内没有食物时，要立即对水体杀菌，避免育珠蚌长时间不进食而造成死亡。

（3）养成阶段　池蝶蚌"鄱珠1号"中间养成阶段目前暂未发现有大规模的病害暴发现象，在育珠手术接种时需对手术工具消毒处理。手术后康复期间需要良好的水域环境休养生息，因此在吊养前用强力杀菌剂将水体消毒杀菌，培肥水质，确保育珠蚌所需的饵料生物。

2. 防治方法

育苗阶段的病害可用大蒜和国家允许使用的抗生素进行防治，敌害生物的防治方法主要是加强水的过滤。中间育成阶段，定期使用生石灰进行消毒和改良水质，或用漂白粉清池。养成阶段或育珠手术期间，在蓄水池中适量施用EM－原露等生物制剂调节水质，保持水体良好的生态环境，增强蚌的免疫能力，加快伤口愈合。

四、育种和种苗供应单位

(一) 育种单位

1. 南昌大学
地址和邮编：江西省南昌市红谷滩新区学府大道999号，330031
联系人：洪一江
电话：13387003596，0791-83969530

2. 抚州市水产科学研究所
地址和邮编：江西省抚州市抚昌路115号，344000
联系人：徐毛喜
电话：13970422549，0794-8343491

(二) 种苗供应单位

抚州市水产科学研究所
地址和邮编：江西省抚州市抚昌路115号，344000
联系人：徐毛喜
电话：13970422549，0794-8343491

五、编写人员名单

洪一江,彭扣,徐毛喜,胡蓓娟,邱齐骏

坛紫菜"闽丰2号"

一、品种概况

(一) 培育背景

坛紫菜属于红藻门（Rhodophycophyta）、原红藻纲（Protoflorideophyceae）、红毛菜目（Bangiales）、红毛菜科（Bangiaceae）、紫菜属（*Pyropia/Porphyra*），是我国特有的暖温带种类。20世纪60年代，我国藻类学者突破了坛紫菜全人工育苗和栽培技术后，坛紫菜的人工栽培迅速发展，目前已成为福建、浙江和广东沿海海水养殖的主要对象，其产量约占到全国紫菜总产量的70%。近年来，坛紫菜在江苏沿海的栽培也得到了逐步发展。

21世纪以来，在国内多个课题组的努力下，已有4个坛紫菜新品种通过全国水产原种和良种审定委员会的审定，并得到大面积推广，大大促进了我国坛紫菜栽培业的发展。但我国南方沿海海况复杂，栽培方式多样，现有新品种难以适合所有栽培海区的需要，很多海区的栽培品种仍是未经选育的野生种，且连续多年自养、自留、自用，导致种质严重退化。与此同时，随着坛紫菜栽培效益的日益提升，坛紫菜栽培面积逐年扩大，这些新增加的栽培面积，一部分是新开辟的栽培区，而另一部分则是在原有的栽培区内增加栽培密度，增加养殖台架和采苗密度，由此产生的"三密"问题造成养殖环境恶劣，生态条件不能满足坛紫菜正常生长的需要，海水流动受到阻滞，水体中的O_2、CO_2和营养盐缺乏直接影响藻体的健康生长和繁育，使病菌侵袭、病害频发，严重影响坛紫菜的品质。此外，坛紫菜生长的适宜水温是12～26℃，每年9月海水水温降至28℃以下时，就可以采壳孢子上网，开始坛紫菜的栽培过程。网帘下海后10～15天，坛紫菜初见苗，如果此时水温低于25℃，且逐渐下降，就对幼苗的继续生长有利；否则，水温波动幅度大，小潮遇上持续南风、高温、风平浪静，很易造成烂苗、脱苗现象。而近年来，受全球气候变暖的影响，南方海区在9月中下旬很容易出现持续高温闷热天气，由此造成坛紫菜栽培时"高温烂菜"问题频发，严重影响了坛紫菜的栽培效益。而且，随着人们生活水平的提升，人们日益追求高品质的坛紫菜，由此导致头水坛紫菜价格逐年上涨，但现有主推品种均为高产品种，缺乏高品质良种。因此，亟须在原有选育工作的基础上，进一步选育出品质优、生长速度快和耐高温能力强的优良品系，以适应当前的生态环境变化，并满足人们对高品质紫菜的追求，这对于进一步促进我国坛紫菜产业的持续健康发展具有十分重要的意义。

为此，"闽丰2号"的选育目标就是要在原有"闽丰1号"以"高产"和"抗逆"作为主要选育目标的基础上，进一步增加"优质"指标，在保证"高产"和"抗逆"指标不明显下降的基础上，提升坛紫菜的"品质"，以期培育出优质、高产和抗逆的坛紫菜新品种。

（二）育种过程

1. 亲本来源

该品种杂交母本为坛紫菜野生纯系PXⅡ。2001年从福建平潭岛采集野生坛紫菜，将一株色泽乌黑发亮、生长状态良好的叶状体阴干，分离未受精的营养细胞，用海螺酶酶解并通过单克隆细胞培养获得纯系丝状体，命名为品系PXⅡ。

杂交父本为坛紫菜诱变育种纯系7-Ⅰ。2002年对野生纯系YS-Ⅲ丝状体进行 ^{60}Co-γ 射线辐照处理，然后从其培育的叶状体后代群体中，筛选出一株颜色鲜艳、生长快、成熟晚且耐高温的个体，经单克隆细胞培育形成纯系，命名为品系7-Ⅰ。

2. 技术路线

选育技术路线如图1。

3. 选育过程

2009年3月，取7-Ⅰ纯系丝状体进行促熟、促放，从放散壳孢子培养而成的叶状体中挑选出1株生长快速并已经形成精子囊器的叶状体作为父本；采取同样的方法获得PXⅡ纯系的叶状体，从中挑选出1株生长快速、健康的叶状体作为母本。将亲本叶状体混合培养，获得杂交丝状体（杂合二倍体）。将杂交丝状体粉碎后移植到贝壳上，培养后得到贝壳丝状体，后者成熟后释放出壳孢子，培养后获得大量叶状体（单倍体，嵌合体）。随后，用海螺酶对培养获得的单色藻块进行酶解，获得大量的单离体细胞，后者经室内单离体细胞再生培养发育成叶状体（单倍体），这些再生叶状体同一株藻体上的细胞基因型是完全相同的，称为纯合叶状体。由此建立了育种基础群体。

2010年1月，将育种基础群体的纯合叶状体分别置于锥形瓶中进行单株培养，依据藻体色泽、体形、厚度和生长速度等选育指标，筛选出一株藻体颜

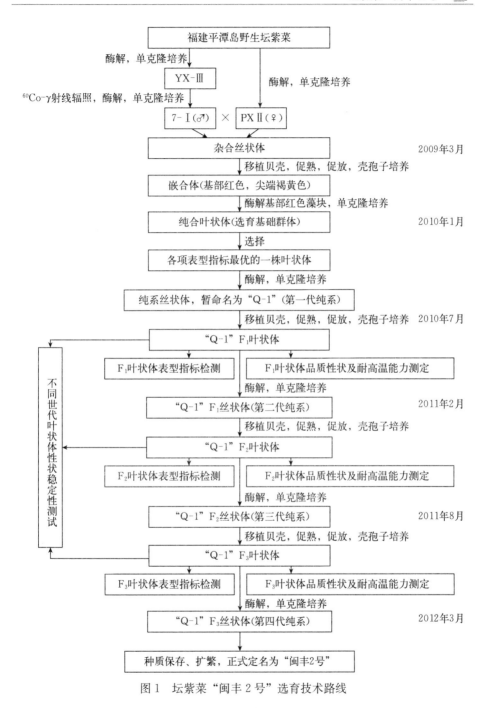

图1 坛紫菜"闽丰2号"选育技术路线

色鲜艳，体形宽、薄，叶片不扭曲且无褶皱，生长快的叶状体。将该株叶状体培养至30厘米左右时，取其中部部分藻体，用海螺酶酶解，并经单克隆培养促使染色体自然加倍后获得纯合的自由丝状体（二倍体），暂命名为"Q-1"品系（第一代纯系）。

2010年7月，将其中一份"Q-1"丝状体移植到贝壳上，培养成贝壳丝状体，由后者释放的壳孢子经培养，得到 F_1 叶状体群体。这时将 F_1 叶状体群体随机分成3份：1份用于个体间颜色、体形、藻体厚薄、生长速度、成熟期等形态学性状测定和分析，另1份用于叶状体粗蛋白、色素蛋白（叶绿素a、藻红蛋白、藻蓝蛋白和别藻蓝蛋白）和4种呈味氨基酸（天冬氨酸、甘氨酸、丙氨酸和谷氨酸）含量等品质性状的测定（以"闽丰1号"和传统养殖品种为对照），最后1份用于叶状体的耐高温能力测试，实验以传统养殖品系为对照，共进行21℃、28℃、29℃、30℃ 4个温度梯度的耐高温能力测试。其结果证实上述在体细胞再生叶状体中表现出来的诸多优良性状均能稳定地遗传下来，群体的形态和颜色非常一致，证实该品系是遗传纯系，且具有品质优和耐高温等优良性状。

2011年2月，从 F_1 叶状体群体中再挑选出生长最快的1株叶状体，采用酶解法并经单克隆培养促使染色体自然加倍后获得 F_1 丝状体（第二代纯系），将其移植到贝壳，培养成贝壳丝状体，由后者释放的壳孢子经过培养，获得 F_2 叶状体群体。这时同样将 F_2 叶状体群体随机分成3份，分别进行藻体的形态、品质和耐高温性状的测定和比较，结果表明 F_2 叶状体的多项指标与 F_1 叶状体均没有显著差异。

2011年8月，从 F_2 叶状体群体中挑选生长最快的1株叶状体，经酶解单克隆培养获得 F_2 丝状体（第三代纯系），将其移植到贝壳上，培养成贝壳丝状体，由后者释放的壳孢子经过培养，得到 F_3 叶状体，采用同样方法，继续对 F_3 叶状体的上述优良性状的遗传稳定性进行考察和再选拔，结果发现"Q-1"3代叶状体各项指标均没有显著差异，性状稳定。

2012年3月，从 F_3 叶状体群体中筛选出单株培养生长最快的1株叶状体酶解，并经单克隆培养促使染色体自然加倍后获得 F_3 丝状体（第四代纯系），将其作为种质进行扩繁，分40个备份在低温低光照条件下长期保存，并正式定名此品系为"闽丰2号"。

（三）品种特性和中试情况

1. 品种特征

（1）形态特征　藻体披针形，基部脐形，呈棕红色，基部颜色略深；藻体不易扭曲，基部具有波浪状的小锯齿；藻体由单层细胞构成，内含一个星状色素体，厚度较薄（图2、图3）。

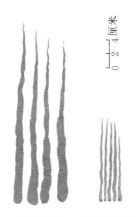

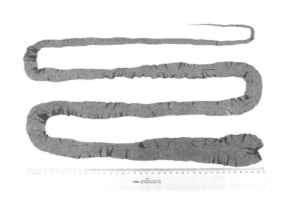

图2 坛紫菜"闽丰2号"和传统养殖种　　图3 坛紫菜"闽丰2号"成体叶状体

（2）性别特征　藻体性别均为雌性。

（3）分子遗传学特征　"闽丰2号"具有两个稳定的特异性SCAR标记，标记Q1-500长度约为500个碱基对，引物序列为：

F：5'- ACTAAACCAATCTTATCCAATG -3'；

R：5'- GAGCTAATCCCTAAAAACCGTC -3'。

标记Q1-650长度约为650个碱基对，引物序列为：

F：5'- GTTTACCCCTACCCTGACGAG -3'；

R：5'- TTTGAGGCATTTGAAGTTCTT -3'。

（4）经济性状　品质优："闽丰2号"藻体的品质显著优于"闽丰1号"和传统养殖品种。与坛紫菜传统养殖品种相比，粗蛋白、色素蛋白和4种呈味氨基酸含量均提高30%以上，可溶性蛋白提高16%以上；与坛紫菜"闽丰1号"相比，粗蛋白、可溶性蛋白和4种呈味氨基酸的含量提高10%以上，色素蛋白含量提高7%以上。晒干制成的干紫菜色泽乌黑发亮，光泽好，藻香浓郁，口感甘甜鲜美。

生长速度快：实验室条件下，初始长度为（4.0±1.0）厘米的叶状体培养15天后的绝对生长率是传统养殖品种的2倍左右；在中试生产上，据同行专家现场测产，"闽丰2号"藻体的平均生长速度均要高于对照组（传统养殖品种）25%以上。

耐高温：实验室条件下，"闽丰2号"的耐高温能力可比传统养殖品种提高2℃以上；2014年、2015年和2017年坛紫菜栽培季节，在福建沿海持续高温天气下，海水温度长时间维持在29℃以上，传统养殖品种的坛紫菜苗发生了大规模的腐烂和脱落，生长严重受阻，而"闽丰2号"仍保持正常生长，表现出明显的耐高温特性。

2. 中试情况

在福建、广东汕头、江苏连云港、山东烟台等地海域对"闽丰2号"进行了大规模中试工作，取得较好成效。截至2019年，"闽丰2号"新品种已连续6年在福建沿海、连续5年在江苏沿海大面积中试栽培，累计示范应用面积超过70 000亩。在中试栽培过程中，"闽丰2号"除了表现出明显的高产和抗逆性状外，在品质上也有明显提升，得到了养殖户的高度评价。

（1）中试选点　中试试验主要选择福建福清、平潭、莆田、泉州沿海坛紫菜养殖区和江苏连云港紫菜养殖区进行，主要由福清融丰水产苗种有限公司、福州闽之海水产苗种有限公司、平潭县水产良种实验有限公司、莆田秀屿区南日镇沙洋村、莆田埭头镇后郑村、惠安崇武紫菜养殖场、江苏省连云港润安食品有限公司、山东东方海洋科技股份有限公司等单位实施。

（2）生产中试技术路线　"闽丰2号"自由丝状体室内扩繁→移植到贝壳上→培养成贝壳丝状体→缩短光照时间、弱光刺激成熟→水流或下海刺激→壳孢子放散→壳孢子附着于网帘（采苗）→海上挂网栽培→叶状体群体监测→叶状体耐高温性状、产量和品质等分析比较。

（3）中试结果　2014年秋季，项目组在福建福清、莆田、泉州、平潭、宁德、漳州以及广东汕头等地中试栽培"闽丰2号"5 100亩。当年在福建沿海持续高温天气下，大部分传统养殖品种均生长缓慢，发生严重病烂，而"闽丰2号"仍生长正常，表现出明显的耐高温特性。2014年10月22日，集美大学科研处组织同行专家在莆田埭头镇对坛紫菜新品系"闽丰2号"海上中试示范养殖进行现场验收。专家现场测定"闽丰2号"第一水的产量折合为每亩204.9千克（鲜重），传统品种第一水产量为每亩109.5千克（鲜重），"闽丰2号"比传统养殖品种增产显著（图4、图5）。

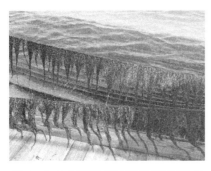

图4　2014年秋季高温期莆田海区生长的"闽丰2号"

图5　2014年现场验收采集的"闽丰2号"（左）和同海区栽培的传统养殖品种（右）（第一水）

2015年秋季，项目组在福建福清、莆田、泉州、平潭、宁德、漳州，广东汕头以及江苏连云港等地中试栽培"闽丰2号"7 000亩。当年福建沿海受台风、连续阴雨和高温等不利天气影响，大部分传统养殖品种均生长缓慢，出现严重脱苗、烂苗现象，而"闽丰2号"仍生长正常，表现出明显的抗逆特性。2015年10月29日，福建省水产技术推广总站组织同行专家在泉州市峰尾镇对坛紫菜新品系"闽丰2号"海上中试示范养殖进行现场验收。专家测定结果"闽丰2号"第一水的产量折合为每亩267.8千克（鲜重），传统品种第一水产量为每亩139.1千克（鲜重），新品系比传统品种增产明显。

2016年秋季，项目组在福建福清、莆田、泉州、平潭、宁德、漳州，广东汕头以及江苏连云港等地中试栽培"闽丰2号"11 000亩。2016年11月3日，福建省科技厅委托集美大学组织同行专家在莆田笏杯岛对坛紫菜新品系"闽丰2号"海上中试示范养殖进行现场验收（图6）。专家测定结果"闽丰2号"第一水的产量折合为每亩199.5千克（鲜重），传统品种第一水产量为每亩144.5千克（鲜重），"闽丰2号"比对照组增加38.1%。养殖户普遍反映"闽丰2号"具有生长快、杂藻少、产量高、色泽黑亮、口感好等特点。

图6 2016年现场验收采集的"闽丰2号"（左）和同海区栽培的传统养殖品种（右）（第三水）

2017年秋季，项目组在福建福清、莆田、泉州、平潭、漳州，广东汕头以及江苏连云港等地中试栽培"闽丰2号"16 400亩。受持续高温天气影响，大部分海区栽培的传统养殖品种均出现出苗缓慢，脱苗甚至烂苗情况，产量大幅度下降，而"闽丰2号"出苗时间尽管稍有推迟，但生长基本正常，产量显著高于传统养殖品种（图7）。

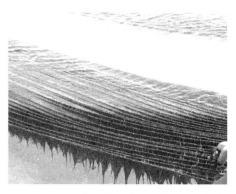

图7 2017年秋季高温期在泉港海区生长的"闽丰2号"

2018年秋季，项目组在福建福清、莆田、泉州、平潭、漳州，广东汕头，江苏连云港以及山东烟台等地中试栽培"闽丰2号"16 000亩

(图8、图9)。2018年10月1日，集美大学组织同行专家在江苏省连云港市高公岛对坛紫菜新品系"闽丰2号"海上示范栽培情况进行现场验收，测定结果"闽丰2号"折合产量为260.75千克/亩（鲜重），对照组产量为117.78千克/亩（鲜重），新品系比对照组增产极其显著。受2018年8月连续高温天气影响，连云港海区大部分坛紫菜栽培均出现脱苗等现象，而"闽丰2号"无脱苗、生长正常，表现出良好的抗逆特性。

 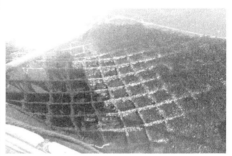

图8　2018年在连云港高公岛海区正在采收的"闽丰2号"　　图9　2018年在山东烟台海区生长的"闽丰2号"

2018年项目组还与山东东方海洋科技股份有限公司合作，在山东烟台海区开展了坛紫菜"闽丰2号"的北移示范栽培，也获得成功，第一水亩产超过150千克，由此使得"南菜北养"的范围进一步扩大，将坛紫菜的适栽海区北移了近10个纬度，也拓展了北方海区大型海藻栽培的新种类。

二、人工繁殖技术

（一）亲本选择与培育

"闽丰2号"亲本自由丝状体置于500毫升的广口瓶中静置培养，保存备份20个以上，培养条件：温度（21±1）℃、光强度500～2 000勒克斯，24小时光照培养。制备苗种时选择颜色鲜艳，细胞饱满、中空率低的健康自由丝状体（丝状藻丝），经一级至三级扩增培养获得满足生产需求的足够量自由丝状体后，移植至育苗场的贝壳中进行生产性育苗。

（二）人工繁殖

1. 一级扩繁

将"闽丰2号"自由丝状体用高温消毒的组织粉碎机切碎至100～500微米，置于500毫升的锥形瓶中充气培养。每15天更换300～400毫升培养液。

培养至终浓度为每100毫升1～2克（鲜重）的培养液，培养条件：温度(21±1)℃、光强度1 000～2 000勒克斯，光周期12小时光照、12小时黑暗。

2. 二级扩增

二级扩增种质由一级扩增所得。2 000毫升的锥形瓶中加入6克湿重自由丝状体（长度切碎至100～500微米/段）充气培养。每10天更换1 200～1 500毫升培养液。培养至终浓度为每100毫升2～3克（鲜重）的培养液，培养条件同一级扩繁。

3. 三级大扩增

三级扩增种质由二级扩增所得。5 000毫升的锥形瓶中加入15克湿重自由丝状体（切碎至100～500微米/段）充气培养。每10天更换3 000～4 000毫升培养液。培养至终浓度为每100毫升4～5克（鲜重）的培养液，培养条件同一级扩繁。经三级扩增的丝状体如满足生产用量，可直接作为贝壳丝状体育苗种质。

（三）苗种培育

1. 培养基质

各种具备较厚珍珠层的贝壳都可作为"闽丰2号"丝状体的生长基质。文蛤壳较好，大小以6厘米以上为宜。贝壳洗刷干净，在太阳下暴晒后用50毫克/升有效氯的漂白粉消毒1～2小时，然后再用淡水冲洗干净。贝壳按大小归类，用于立体吊挂培养的应钻孔绑串备用。

2. 育苗设施

（1）育苗室　东西走向，南北采光，高度在3米以上。利用天窗和侧窗采光，窗户安装毛玻璃或涂以白漆或石灰，防止阳光直射。

（2）育苗池　平面育苗池长6～7米，宽1.5～1.6米，深20～30厘米；立体吊挂池长6～7米，宽1.5～1.6米，深50～70厘米。池底设0.3%～0.5%坡度。

（3）蓄水池与过滤池　培养丝状体用的海水需先经过3天以上的黑暗沉淀处理，蓄水量为育苗池一次用水量的3倍以上，然后再进行两次的沙滤处理才能进入育苗池。供排水管系统以塑料管为主。

3. 将自由丝状体移植到贝壳上的技术

接种前10天用组织粉碎机将自由丝状体切碎至2 000～3 000微米，然后静置于玻璃瓶中黑暗培养1天，第2天更换3/4培养液，正常光照静置培养3～5天后加入充气管进行充气培养。丝状体采苗前1天再用组织粉碎机将其切碎至200～500微米备用。

自由丝状体接种密度：平面采苗丝状体用量按照300～500段/厘米^{2}计

算，立体采苗按照 60～100 段/厘米³ 计算。

采苗用的丝状体计数后用海水稀释至约 0.1 亿段/升，用喷壶分 4～5 遍均匀泼洒至放置好贝壳的池中，再用竹竿搅拌池内的海水，使池中的丝状体片段均匀分布，然后在池子表面盖上黑布，3 天后移走黑布，培养 28 天后按常规育苗方法进行正常管理。

4. 贝壳丝状体培育

（1）自由丝状体移植到贝壳后的初期管理　自由丝状体采苗初期应拉上培养室所有天窗和侧窗的窗帘，光照度控制在 500 勒克斯以下，7 天后恢复正常光照培养，28 天后用软纱布洗去贝壳表面杂藻和多余的丝状体，换水，按常规方法进行培养。

（2）贝壳丝状体培育日常管理　贝壳丝状体培育阶段必须采取的生产管理措施有：洗壳、换水、倒置、光照调节、施肥等。

洗壳：整个贝壳丝状体育苗期间需清洗贝壳 5～7 次，并结合换水进行。洗壳次数在壳孢子囊形成前视贝壳上杂藻、污物附着情况而确定，2—3 月每 30 天左右洗一次，4—5 月每 15～20 天洗 1 次。

换水：在 6 月之前，换水和洗壳结合进行；6 月以后的中后期一般每 15 天换 1/3～1/2 的水量，温差不宜超过 2 ℃。换水时使贝壳保持一定湿度。

倒置、移位：立体吊挂培养时，根据丝状体生长情况上下层丝状体进行倒置调换培养，一般一个月倒置一次。

光照调节：根据丝状体不同生长阶段对光照的要求进行调节。可用白布窗帘遮窗，缩光时可用大的黑布盖在池子上或用黑布遮窗，具体光照度见表 1。

表 1　"闽丰 2 号"丝状体生长发育光时光照度

生长发育时期	时间范围	光时（小时）	光照度（勒克斯）
丝状体钻壳初期	自由丝状体移植到贝壳后 10 天内	全日照	500
丝状藻丝生长期	7 月水温 26 ℃以前	全日照	2 000～3 000
孢子囊枝前期	7 月至 8 月中旬	全日照	1 000～1 500
孢子囊枝后期	8 月中下旬至 9 月上中旬	8～10	500～800

施肥：丝状藻丝生长阶段，氮肥 10～15 毫克/千克，磷肥 1 毫克/千克；孢子囊枝生长阶段，为促进丝状体成熟度应适当提高磷肥量，此时氮肥 10 毫克/千克，磷肥 2～5 毫克/千克；缩光期后期，为增加壳孢子囊枝形成量应减少氮肥量增加磷肥，氮肥 1～2 毫克/千克，磷肥 10～20 毫克/千克，结合换水进行施肥。

水温控制：夏天室内外温差大，应注意育苗池的水温不宜变化过大。夏天一般育苗池换水应选在早上进行，白天紧关窗户，减少室外热空气进入室内，傍晚时打开窗户通风降温，8月下旬贝壳丝状体成熟后应该注意关紧门窗保持室内温度，防止水温下降过快引起丝状体流产。

5. 贝壳丝状体促熟主要措施

在"闽丰2号"贝壳丝状体后期管理中可以通过施加磷肥、调整光照和温度等措施促熟。在孢子囊枝开始形成壳孢子囊枝时，磷肥量可提高至15～20毫克/千克，"闽丰2号"一般要求比传统品种提前15～20天缩光（采苗前40～55天开始），保持较高水温（28～29 ℃）促熟效果好。

6. 壳孢子采苗

"闽丰2号"壳孢子采苗适宜水温为25～28 ℃，一般在白露季节大潮期间采苗，采苗前一天下午将贝壳下海刺激12～18小时，翌日清晨06:00前取回进行人工采苗或染布式采苗。

三、健康养殖技术

（一）健康养殖（生态养殖）模式和配套技术

1. 壳孢子采苗

（1）采苗时间　海水温度降至28 ℃以下时开始采苗。南方海区以白露节气为宜；北方海区在8月上旬后，水温在28 ℃以下时即可开始采苗。

（2）采苗方法　主要采用染布式采苗法、室内水泥池流水采苗法。采苗前一天傍晚，将成熟度高的贝壳下海刺激，第二天早上06:00前后取回置于船舱或水泥池中，注入新鲜干净海水，不断搅拌刺激，促进壳孢子放散。上午10:00前后壳孢子放散达到高峰时，将网帘投入船舱或是在水泥池中进行采苗，中午12:00前下海张挂。运输过程中要保持网帘湿润，避免阳光直晒。

2. 养殖方式

叶状体养殖目前通常采用的方式有半浮动筏式养殖和全浮动筏式养殖等。

半浮动筏式所用的筏架兼有支柱式和全浮动筏式的特点，涨潮时可以整个筏子漂浮在水面，而在退潮后筏架又可用短支架支撑于海滩上，使苗网干露在空气中。由于低潮时能够干露，因而硅藻等杂藻生长少，对紫菜早期出苗特别有利，而且具有使紫菜生长快、质量好、生长期延长等特点，是一种较好的栽培方式。

全浮动筏式栽培适合于不干露的浅海区栽培紫菜，采用这种方式可以把紫菜栽培向离岸较远处发展。

（1）筏架　半浮动筏架由浮绠、撑杆、支腿、桩缆、桩或锚等组成。全浮动筏架结构除了缺少短支腿外，其余与半浮动筏架一样。

(2) 海区的布局　半浮动式栽培的网帘面积与潮间带可栽培海区的面积比例为 1∶(7～10)。全浮动筏栽培的苗帘面积与可供栽培海区面积的比例为 1∶(10～15)。

(3) 筏架的设置　筏架应与冬季主导风平行或是成小于 30°的角。筏架或者组合筏架的间距应在 6～10 米。

3. 养殖期管理

(1) 出苗期的管理　网帘下海至肉眼见苗需 9～13 天，在这段时间里，针对浮泥沉积和硅藻、绿藻附着网帘，可使用小型水泵带水冲洗苗帘或是用手提取网片进行拍击冲洗。

(2) 分帘养殖　当苗帘暂养到 20 天左右，紫菜幼苗长到 0.5 厘米以上时，要进行分帘单片养殖，分帘之前将苗片挑到岸上或使用悬浮筏架干露晾晒 2 小时左右，以不晒死幼苗为原则，网帘经过晾晒处理后，再张挂到海上养殖。

(3) 养殖期管理　在养殖生产过程中，一般每收完一水紫菜，晒一次菜帘，晒帘次数主要结合天气状况、杂藻附着情况。不同紫菜生长期对干露时间的要求不同，要灵活掌握晒帘时间和次数。

4. 紫菜收成

"闽丰 2 号"壳孢子采苗下海后 40～45 天就可以达到第一次采收长度，整个养殖期可收获 5～7 次。

（二）主要病害防治方法

1. 赤腐病（红泡病）

(1) 病原　紫菜腐霉菌。

(2) 主要症状　肉眼观察叶片首先出现 5～20 毫米的小红点，随后出现 1～3 毫米的小红泡，小红泡不断扩大直至红泡穿孔、破裂，使孔孔相连变为大孔，叶片断裂流失。镜检观察菌丝体穿透细胞使原生质收缩、细胞壁破裂，藻红霉素消失，藻体溃烂成洞。

(3) 流行情况　常出现在 11 月中、下旬至 12 月的南风天，此时水温上升，风平浪静，低潮区发病重，高潮区发病轻或不发病；河口发病重，外海区发病轻；台架中间发病重，边缘轻。

(4) 预防与治疗

① 低温冷藏。紫菜腐霉菌不耐低温，低于 6 ℃易死亡，可以把网帘进行冷藏，等发病期过后，再将网帘出库生产。

② 提高养殖潮位。根据腐霉菌不耐干燥的特性，把低潮区养殖的网帘移至中高潮区，延长干露时间杀死腐霉菌。

③ 阴干晒网。延长干出时间或是把网帘搬上岸，日晒 5～6 小时，这样不

仅可以缓和病情，减少病害发生，而且可以杀死硅藻、绿藻等，提高紫菜质量。

2. 绿变病

（1）病原　绿变病主要是由营养盐不足引起的生理性疾病。

（2）主要症状　叶状体由黑紫色逐渐变为淡紫红色，随着藻红素消失逐渐变为紫褐色直至叶片溃烂流失。镜检发现叶状体体细胞原生质收缩，细胞间隔液泡增大，细胞中空，色素体破坏。

（3）流行情况　主要发生氮盐缺乏的海区。营养盐含量低，海水交换不畅的海区容易发病；营养盐丰富的河口区不易发病，外海区营养盐低容易发病；海区透明度增大易发病；南风天、光照强度大时也易发病。

（4）预防与治疗

① 施肥。退潮干露后，叶状体保持湿润时，施肥1%硫酸铵。

② 沉桩。在涨潮时，不让浮筏浮在水面上，而让其下沉到水的中下层，减少光合作用时间，减少能量消耗；同时，由于网帘处在海水的底层获得比表层多的氮补充，能缓和病情。

③ 提高养殖潮位，延长干露时间。把低潮区的网帘移到中高潮区养殖，延长干露时间，减少光合作用时间，也可达到叶状体内能量消耗的效果，如果提高潮位后再结合施肥、沉桩则效果更好。

④ 抢收。把已能抢收的藻体及时剪收，减少争肥料的藻体，同时减小潮流阻力，缓和病情。

四、育种和种苗供应单位

（一）育种单位

集美大学水产学院

地址和邮编：福建省厦门市集美区印斗路43号，323702

联系人：纪德华

电话：18960859347

（二）种苗供应单位

1. 福清融丰水产苗种有限公司

地址和邮编：福建省福清市江阴镇小麦村，350309

联系人：郭开国

联系电话：13506978022

2. 福州市闽之海水产苗种有限公司

地址和邮编：福建省福清市三山镇后洋村，350318

联系人：郭开国

联系电话：13506978022

五、编写人员名单

陈昌生，谢潮添，徐燕，纪德华

中华鳖"珠水1号"

一、品种概况

(一) 培育背景

中华鳖（*Pelodiscus sinensis*），亦称甲鱼、水鱼，隶属爬行纲、龟鳖目、鳖科、鳖属，是我国重要的名特优水产养殖品种之一，具有较高的食用及药用价值，是深受消费者认可的滋补佳品。

我国的中华鳖人工养殖起始于20世纪70年代末。80年代中后期，由于中华鳖市场行情走俏，野生资源紧缺，极大地推动了中华鳖养殖产业的发展。进入90年代，伴随着中华鳖养殖繁育技术以及规模化制种技术的突破，中华鳖的养殖产业发展迅速，产量逐年倍增。目前，我国的中华鳖养殖产业已经发展成为具有较大产业规模、具备相当市场影响力的特种水产品养殖行业。2006年，中华鳖作为15个特色水产品之一，被农业部列入《特色农产品区域布局规划》，其产业成为我国农业现代化建设的重要组成部分。

中华鳖养殖产业的蓬勃发展，带来了对优质中华鳖苗种的巨大需求。然而，我国中华鳖的苗种供应长期以来一直得不到有效保障。据不完全统计，我国优质中华鳖苗种缺口每年高达1亿只以上。

我国的中华鳖种质资源极为丰富，中华鳖自然种群广布于我国的大小河流、湖泊之中。湖南洞庭湖水系的中华鳖群体（俗称"洞庭鳖"）是中华鳖自然种群中具有代表性的地方品系之一，是优质的中华鳖种质资源。

首先，洞庭湖水系的中华鳖具备明显的外部形态特点，该品系的初孵稚鳖腹甲绯红、无斑，成体背甲呈橄榄绿或土黄色，腹甲玉白或微红。其次，该品系具有良好的生产表现（如生长速度快、对环境的适应性强、裙边宽厚等），具备较高的产业开发价值。此外，洞庭湖水系的中华鳖是我国最早被开发利用的中华鳖种质资源，在我国南方地区具有较长时间的消费历史，群众基础广泛，市场认可度较高。

基于上述原因，为培育适合于我国南方地区养殖推广的中华鳖洞庭品系快速生长新品种，提高我国中华鳖养殖产业的良种覆盖率，增加中华鳖养殖的生产效益，项目团队以国家级良种场——广东绿卡中华鳖良种场为育种平台，以中华鳖洞庭湖水系野生群体为选育基础群体，通过连续5代群体选育，获得了中华鳖"珠水1号"快速生长新品种。

（二）育种过程

1. 亲本来源

1992—1993年，从湖南省常德市特种水产综合技术开发中心引进中华鳖洞庭湖水系2.1万只野生个体。

2. 技术路线

选育技术路线见图1。

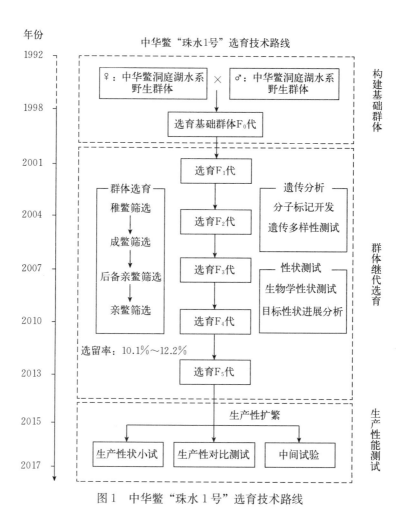

图1 中华鳖"珠水1号"选育技术路线

3. 培育过程

1992年2月至1993年2月，广东东莞市虎门综合开发公司，从湖南省常德市特种水产综合技术开发中心引进中华鳖洞庭湖水系野生个体2.1万只。引进的中华鳖个体经人工驯养促熟，并通过自然交配方式进行繁育，于1995年达到产卵高峰。1996年开始，从子代中挑选体表光亮，裙边坚挺，体质健壮，攀爬有力的个体进行培育。1996—1998年，共选留子一代亲鳖个体7.28万只，为中华鳖"珠水1号"选育基础群体（F_0）。

自1998年11月，以生长速度为选育目标，以体形特征为辅助选育指标，开始实施育种。每三年为一世代，每个世代按照（6～8）∶1的雌雄配比搭配亲本，并通过自然交配产卵的方式进行繁育，分别在稚鳖（30克）、幼鳖（150克）、成鳖（450克）、后备亲鳖（750克）以及亲鳖（♀：1 000克，♂：1 500克）五个阶段对子代个体进行筛选，每个世代总选留率为10.1%～12.2%。至2013年7月，经连续5代继代选育，培育出了与未经选育的中华鳖相比，生长优势明显、遗传性状稳定的中华鳖新品种，定名为中华鳖"珠水1号"。

（三）品种特性和中试情况

1. 品种特性

与未经选育的中华鳖相比，中华鳖"珠水1号"具有下述优良性状（图2）。

（1）生长速度快　在同期同法养殖条件下，与未经选育的中华鳖相比，中华鳖"珠水1号"体重平均提高12.3%。

（2）裙边宽大　在同期同法养殖条件下，中华鳖"珠水1号"裙边宽度比未经选育的中华鳖提高4.9%以上。

2. 中试情况

2014—2017年，中华鳖"珠水1号"分别在广东省佛山市、惠州市、东莞市，江西省南丰县，广西壮族自治区凭祥市、防城港市、贵港市多个地区进行了中试养殖。中试期间累计养殖面积7 478亩，亩产平均达900千克，创造产值3.69亿元，取得了良好的中试效果。各地养殖结果表明，中华鳖"珠水1号"具有生长速度快、养殖成活率高的优点，市场认可度好，经济效益显著（表1）。

图2　中华鳖"珠水1号"商品鳖

表1 2014—2017年中华鳖"珠水1号"中试养殖情况

年份	地点	面积（亩）	养殖量（万只）	产量（万千克）	产值（万元）
2014	广东惠州	793	140	75.5	4 197.9
	广东佛山	30	7	4	224.0
	广东东莞	1 500	215	112.5	6 276.2
	江西南丰	70	16	8.5	288.1
	广西凭祥	30	6	3.1	175.8
2015	广东惠州	808	155	83.5	4 643.3
	广东佛山	35	8	4.5	252.0
	广东东莞	1 500	250	131	7 308.2
	江西南丰	66	18	10	339.0
	广西凭祥	30	6	3.35	189.9
	广西防城港	45	10	5.5	308.0
	广西贵港	3	0.5	0.3	16.1
2016	广东惠州	794	153	82	4 558.7
	广东佛山	40	10	6	336.0
	广东东莞	1 500	220	115	6 415.6
	江西南丰	90	22	11	372.9
	广西凭祥	30	6	3.25	184.3
	广西防城港	48	11	6	336.0
	广西贵港	3	0.6	0.35	18.8
2017	广西防城港	60	14	8	448.0
	广西贵港	3	0.5	0.3	16.1
合计	—	7 478	1 268.6	673.65	36 904.9

二、人工繁殖技术

（一）亲本选择与培育

1. 亲本选择

若从选育单位获得中华鳖"珠水1号"后备亲本，个体应在4~5龄，体重在1.5~2.0千克为宜。选择的亲鳖应具备"背青腹润、体表光亮、行动敏捷、体质健壮、健康无病"的特点。

2. 亲本培育

亲鳖培育以投喂专用人工配合饲料为主，饲料质量应符合《无公害食品渔用配合饲料安全限量》(NY 5072—2002) 的要求，投喂前每千克饲料加水 1 千克制成团状。水温 22 ℃以上开始试投，每日 1 餐。水温 25～30 ℃时，每天早、晚各投 1 餐。每餐的投喂量（以饲料干重计），为鳖总重的 2%～3%，并需根据天气、水温、摄食等情况适量调整。

（二）人工繁殖

1. 亲鳖促熟及产卵场设置

亲鳖通常按照 (6～8)∶1 的雌、雄配比进行配对，采用自然交配产卵的方式进行人工繁殖。为提高母鳖的繁殖力，应在越冬前 2 个月对亲本进行营养强化，加大投喂量，并补充维生素 E。同时可在每日投喂饲料中添加 15%～25%的鱼糜、5%～10%的时令蔬菜及 1%～2%的植物油，与配合饲料一起均匀混合。

亲鳖通常在越冬前后完成交配，4 月中旬母鳖开始爬坡产卵，5—7 月为产卵高峰期。为使亲鳖能够正常繁殖，亲鳖池背风一侧应设有产卵场。产卵场通常为长方形，长 2～4 米，宽 50 厘米，斜坡与水面相通，上覆遮荫凉棚，内部铺设厚度为 25 厘米左右的沙床。

2. 捡卵

亲鳖产卵通常在夜间进行。每天早上应巡视产卵沙床，根据沙面遗留的母鳖爬行脚印及沙堆翻动痕迹，寻找卵窝位置，插好牌签，并做好记录。受精卵产出 12 小时，胚胎在受精卵内的位置固定后，即可开始收卵。捡卵时，需将沙层轻轻向两边拨开，将受精卵从卵窝中逐一捡出，并用洁净纱布擦拭受精卵表面，动物极向上，整齐排列于底部垫有毛巾的集卵箱中。

3. 人工孵化

（1）孵化设施　孵化设施包括孵化房和孵化箱。孵化房为砖石结构，内配控温及换气设备，保持孵化期间室内温度为 30～32 ℃，相对湿度为 85%。孵化箱为木板钉制或塑料材质，规格为 90 厘米×60 厘米×20 厘米。孵化箱底部设有通气孔，侧面设有宽 20 厘米、深 8 厘米的出苗口。孵化时，出苗口下方放塑料集苗盆，内盛深 3～5 厘米清水，用于收集从出苗口爬出的新孵化的稚鳖。

（2）孵化方法　将挑选好的受精卵动物极朝上，整齐排列于孵化箱内的细沙或蛭石等孵化介质中，每千克介质喷水约 60 克。质量上乘的受精卵为近球形，规格通常大于 5 克，色泽鲜亮，卵壳略带粉色，动物极有亮白色圆形受精斑，受精斑边缘清晰可见。孵化期间，孵化介质需保持 6%～8%的湿度，并避免不必要的人为翻动。在 (30±2)℃温度条件下，稚鳖 42～45 天即可破壳而出。

（三）苗种培育

中华鳖"珠水1号"苗种培育是指将3~4克初孵稚鳖培养到50克以上幼鳖的过程（图3）。

1. 初孵暂养

初孵鳖苗应先在胶盆中暂养1~2天。直径50厘米的胶盆可放苗300只左右，胶盆倾斜放置，覆水面积约占盆底的2/3。稚鳖经暂养至脐带完全脱落，即可转入稚鳖池继续培育。稚鳖暂养期间不需要投喂。

2. 稚鳖培育

（1）清塘及培水　稚鳖的培苗池可选择50~100米^{2}水泥池或1~3亩的土池，通常以土池培育为宜。

图3　中华鳖"珠水1号"苗种

池内需设置食台、晒台和鳖巢（为尼龙网反复折叠，以细绳吊于水体之中，供稚鳖停靠和休憩）等生产设施。

稚鳖放养前15天应对培苗用水泥池或土池进行彻底清塘。清塘方法可采用生石灰干法清塘或带水清塘。其中，干法清塘，每亩培苗池生石灰用量为70~80千克；带水清塘，每亩培苗池生石灰用量为150千克。食台、晒台等生产工具可用50毫克/升的高锰酸钾溶液进行浸泡处理。

培苗池经消毒后，注水至60~70厘米。放苗前5~7天，按照每亩水面200~300千克的用量，在培苗池四角堆沤绿肥。一周后捞出不易腐烂的根茎及残树。经培水后，池水水色通常呈嫩绿色或茶褐色。由于水泥池面积较小，一般可采用专用土池进行培水，使用时将池水引入水泥池，土池培苗则可直接在原池内培水。

（2）稚鳖放养　稚鳖放养时间宜选择在晴天的上午进行。稚鳖放养前，可使用10~20毫克/升的高锰酸钾溶液或3%的食盐水浸浴15分钟，进行消毒处理。稚鳖经消毒后，按照80~100只/米^2（水泥池）或8~15只/米^2（土池）的密度放养于培苗池中。稚鳖放养，应将稚鳖连盆移至培苗池中，缓缓倾斜盆身，让鳖自行爬出入水。

（3）培育管理

① 投喂管理。稚鳖下池后即可投喂全价人工配合饲料（饲料粗蛋白含量不应低于50%），亦可在饲料中添加5%（w/w）的水丝蚓辅助诱食开口。经

一周左右驯化，稚鳖正常吃食后，可按照鳖总重量的3%~5%的日投喂量（以饲料干重计算）进行培育。每日投喂分2餐进行，早、晚各投喂1餐。稚鳖的投喂应做好"四定"，即定时、定点、定质、定量。培苗过程中若转换配合饲料，为防止出现挑食、拒食现象，需在原饲料的基础上逐步增加新饲料比例。

② 水质调控。定期抽样检测水质，水体溶解氧含量应大于4.5毫克/升，氨氮含量不应超过1毫克/升，亚硝态氮不应超过0.1毫克/升，pH范围为7.0~8.5。为维持水体的水质稳定，可不定期向池中泼洒微生态制剂。水质恶化时，需及时加注新水，同时排出部分原池水。每次换水量不应超过池水总量的1/5，新水与原池水温差不宜超过3℃。

③ 中间转池。稚鳖初放养时，个体较小，养殖密度较大。培育过程中，随稚鳖的生长，其生存空间逐步受到挤压，不利于稚鳖的生长。在水泥池内培苗的稚鳖，均重至30~50克时，可进行分级筛选和疏苗，并按照30~40只/米^{2}的密度继续培育。土池内培苗的稚鳖可一直在原池内培养。越冬后，稚鳖均重达70~100克，按照2~3只/米^{2}的密度转入商品鳖池进行商品鳖的养殖。

④ 敌害防控。稚鳖培育阶段应该重点防治鼠类、水禽等敌害生物，必要时可对培苗池加盖防护网。

三、健康养殖技术

（一）健康养殖模式和配套技术

中华鳖"珠水1号"推荐使用"保温大棚+外塘"分段式方法进行仿生态养殖。该模式分为前后两个连续的生产环节：①利用温棚培苗和越冬，以提高稚、幼鳖的苗种成活率；②利用外塘土池进行仿生态养殖，以提高商品鳖的品质。

1. 稚鳖培育

稚鳖的选择与放养方法同苗种培育。

2. 温棚越冬

温棚越冬池可单独配置（图4），按照20~30只/米^{2}的密度放苗，或直接利用保苗土池加盖温棚进行改造。10月前后越冬池覆盖塑料薄膜，进入采光增温、保温越冬阶段。由于前期气温较高，可局部覆盖，后期气温逐渐降低，要做到全池覆盖，并在越冬前逐步将水深提高到1.0~1.2米。温棚越冬期间，要求温棚内水温不低于25℃，不换水或少换水，依靠不定期补充新水以及使用微生物制剂对温棚内的水质进行调控。冬季遇气温回升，可开启通风门换

图 4　中华鳖"珠水 1 号"越冬温棚

气。温棚越冬期间要正常投喂饲料,日投喂量(以饲料干重)为鳖总重的 2%～3%。

3. 幼鳖出池

越冬后至翌年 4 月,自然水温回升到 25 ℃并趋于稳定后,可准备幼鳖出池。出池前,需逐步揭开保温棚塑料薄膜,透气通风,并向池内逐步注入新水,使温棚内环境与外界逐渐接近。选择天气晴朗的日子,排干池水,组织人工入池捉鳖,经大小分级后,以 10～20 毫克/升的高锰酸钾溶液浸浴,按照 2～3 只/米^2 的密度转入商品鳖池。

4. 商品鳖养殖

商品鳖养殖是将越冬之后的幼鳖培育至商品规格成鳖的过程,商品鳖养殖通常是在室外大水面土塘中进行。

(1) 池塘的基本要求　养殖中华鳖"珠水 1 号"的商品鳖池通常为室外土塘(图 5)。养殖池整体呈长方形,面积 5～7 亩,池深 2.0～2.5 米,养殖水深 1.2～2.0 米,池底坡度 30°,池底平坦,并覆有厚度 10～15 厘米的沙泥,池边 1 米处设高 50 厘米的防逃围墙(围墙可以使用砖砌结构或直接竖立装修瓷砖)。养殖池应配备完备的投饲、晒台及进排水设施,进排水口需相互分离,排水口需设防逃网。为防止养殖生产过程中因水体缺氧导致的水质恶化,商品鳖池视池塘面积,需配置增氧机 1～2 台。

(2) 放养前的准备　商品鳖池应在 4 月前做好清塘、消毒等准备工作,幼鳖出池之前 7～10 天进行培水。清塘、消毒和培水的具体操作方法同苗种培育。

图5 中华鳖"珠水1号"商品鳖养殖池

(3) 商品鳖的放养 商品鳖的放养宜选择在晴天的上午,将经消毒处理的幼鳖连盆移至鳖池中,缓缓把盆口倾斜,让鳖从盆内自行爬出。商品鳖养殖按照每平方米水面2~3只的密度进行放养,同池的放养规格应尽量一致。

(4) 商品鳖的投喂 中华鳖"珠水1号"商品鳖养殖可全程投喂配合饲料,每千克饲料加1升左右的水,在搅拌机内搅拌2~3分钟,做成面团状后进行投喂。饲料的日投喂量(以饲料干重计):体重小于300克前,按照鳖总重的3%~4%进行投喂;体重大于300克后,按照鳖总重的2%~3%进行投喂,并根据天气及摄食情况适量增减,以每次投喂后2小时内全部吃净为宜。

5. 日常管理

(1) 水质调控 商品鳖池由于水体面积较大,通常采用综合方法调控水质。养殖池内可栽培水浮莲或水花生等水生植物,净化水质。水生植物栽种面积不应超过水面面积的1/5。每15~20天全池泼洒微生态制剂1次,以维持水体正常物质代谢。水体藻相变老时,可施用适量生石灰(30~40毫克/升)改良水质,使水体透明度维持在25~30厘米。为保持水体生态系统的稳定健康,每亩水面可套养鲢50尾、鳙20尾、罗非鱼(全雄)10尾。

(2) 巡塘 坚持早、晚巡塘检查,查看水色、水位变化,检查防逃设施,记录中华鳖吃食及活动情况,勤除杂草,做好巡塘记录。

(3) 病害预防 中华鳖"珠水1号"商品鳖养殖阶段应充分利用生态手段做好病害预防。这其中包括,构筑池塘仿生态系统,保持水体各项理化因子稳定,营造适宜中华鳖生长的良好的生态环境。保障饲料的品质,做到投喂"四定",同时补充β-葡聚糖、复合维生素或壳聚糖等免疫促进剂,提高中华鳖的抗病能力。6—9月,气温升至30℃后,中华鳖"珠水1号"摄食欲望强烈,每10～15天应拌料投喂大蒜素、板蓝根和三黄粉中草药药饵，做好病害预防。

6. 起捕及销售

在个体体重达400克以上时，即可适时捕捉上市。小规模捕捉可用围捕或人工下水踩泥手捉，大批量上市可一次性排干池水人工捕捉。

（二）主要病害防治方法

1. 稚、幼鳖阶段的主要病害

白点病是稚、幼鳖阶段常见病害，病原多为产气单胞菌。该病流行于温棚保苗越冬期间，与稚鳖皮肤娇嫩易受损伤、温棚内部水温适宜、养殖密度较大有关，尤其在酸性低氧水体中极易暴发。

该病的治疗除做好培苗池或越冬池的彻底消毒之外，培苗期间保持水质适宜是控制该病流行的关键。对于偏酸性水体，可采用5～8毫克/升的碳酸氢钠全池泼洒，使池水pH稳定在7.5～8.0。除投喂优质全价配合饲料之外，应适量补充维生素C和维生素E等抗应激药品，或中草药制剂进行预防。发病时，可全池泼洒8～10毫克/升的盐酸土霉素溶液进行治疗。

2. 商品鳖阶段的主要病害

（1）红脖子病　红脖子病，又称为俄托克病、阿多福病，是中华鳖养殖过程中危害最为严重的病害，传染性强，死亡率极高。该病的病原通常认为是嗜水气单胞菌亚种。水质不良、养殖密度过大、生产操作管理不当是该病暴发的主要诱因。

患病个体通常表现为身体消瘦，运动迟缓，对外界反应不敏感；咽喉部和颈部肿胀，红肿的脖子伸长而不能缩回。病情严重时，全身红肿，口腔及鼻腔出血，眼睛混浊发白而失明。

中华鳖"珠水1号"在养殖过程中虽未遇见过该病大规模暴发，但应该做好预防工作，尤其是在春夏交替时期。

强化养殖管理，做好水质调控。幼鳖放养前需彻底清塘，养殖过程中适度投喂并及时清除残饵，保持水质清新。定期向养殖池塘中补充碳源，并施加微生物制剂，维持池塘水体的菌相及藻相稳定。遇连续阴雨天气，需开动增氧机，防止因水体缺氧导致的水质恶化。

若出现发病个体，应首先对患病个体做好隔离。对于轻症个体可按照30～50毫克/千克（以鳖体重计），投喂恩诺沙星药饵，每千克饲料可同时添加3克维生素C，5～7天为1疗程。或将恩诺沙星按照每千克鳖体重5毫克用量进行腹腔注射，每天1次，连用2～3天。对于重症及病死个体应及时进行无害化处理。对于发病池塘，按照500毫升/亩的用量，全池泼洒聚维酮碘进行水体消毒，连用2～3天。

（2）细菌性肠炎病　细菌性肠炎是由于细菌感染导致的疾病。患病个体会出现肛门红肿、大便浮起的典型症状。通常采用施加适量抗菌药物加以治疗，可采用具有抑菌杀菌作用的大黄、黄芩和黄柏，按照5∶2∶3的片剂组方拌料投喂，连续投喂4~6天。正常摄食后，在饲料中需补充电解质及益生菌，调理肠胃功能。

（3）腐皮病　腐皮病是中华鳖养殖过程中最为常见的病害，全年均可发病，5—9月为发病高峰期。通常原因是生产操作不当、养殖密度过高，致使中华鳖体表皮肤受损进而产生细菌性感染。该病通常表现为颈部、背部和裙边等处皮肤的糜烂坏死，形成肉眼可见的溃疡。

该病可按照"调节密度、减少应激"的思路进行治疗。按500毫升/亩的用量全池泼洒聚维酮碘，或者全池泼洒0.4%浓度的食盐水，进行水体消毒。对于病鳖，可采用活性碘或10毫克/升的氟苯尼考进行药浴，同时按照每千克饲料添加120毫克的维生素C和50毫克的维生素E，连续投喂10天加以治疗。

四、育种和种苗供应单位

（一）育种单位

1. 中国水产科学研究院珠江水产研究所

地址和邮编：广东省广州市荔湾区西塱兴渔路1号，510380

联系人：朱新平，陈辰

电话：020-81537378

2. 广东绿卡实业有限公司

地址和邮编：广东省东莞市虎门镇莞太线公路白沙路段250号，523061

联系人：黄启成，柯余利

电话：0769-38802022

（二）种苗供应单位

广东绿卡实业有限公司

地址和邮编：广东省东莞市虎门镇莞太线公路白沙路段250号，523061

联系人：黄启成，柯余利

电话：0769-38802022

五、编写人员名单

朱新平，陈辰，黄启成，柯余利

杂交鲂鲌"皖江1号"

一、品种概况

(一)选育背景

翘嘴鲌、团头鲂是分别隶属于鲌亚科鲌属和鲂属的两种重要经济鱼类。翘嘴鲌为中上层鱼类,体形细长,肉食性,肉质细嫩,经济价值高;但肌间刺多,饲料蛋白需求高,且性情急躁,不易捕捞,活鱼运输困难。团头鲂为中下层鱼类,食性杂,饲料蛋白需求低,性情温驯,易捕捞和活鱼上市等。翘嘴鲌与团头鲂在外形、食性、抗逆等生物学特征方面具有明显的互补性,开展翘嘴鲌和团头鲂杂交育种,通过两者基因重组,可以改良翘嘴鲌养殖性能,培育出体形特异、养殖性能优良的新品种(图1)。

图1 杂交鲂鲌"皖江1号"

(二)育种过程

1. 亲本来源

2000年11—12月,从长江支流皖河段采集野生翘嘴鲌亲本1 000尾,从中筛选出300尾,作为选育基础群体,经连续4代选育后,以翘嘴鲌F_4为父本;以杂交鲂F_1(翘嘴鲌F_4♂×团头鲂"浦江1号"选育系F_{10}♀)为母本,团头鲂"浦江1号"是2012年从上海海洋大学试验基地引进。

2. 技术路线

将翘嘴鲌进行连续4代选育,挑选生长快、体形较长、色泽光亮的个体作为选育群体，每个世代进行5次分选，总选留率为2%（图2）；团头鲂"浦江1号"以体形细长、生长速度快为指标，每代4次选择，选留率为0.03%，连续选育10代。

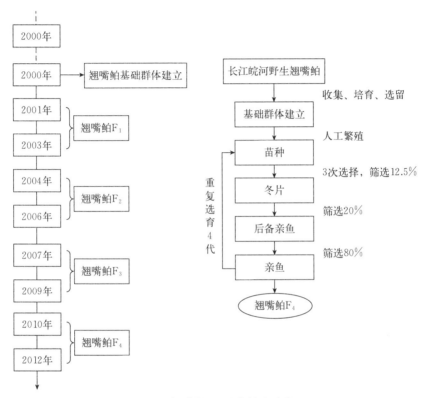

图2 翘嘴鲌F_4选育技术路线

3. 选育过程

将翘嘴鲌进行4代选育，挑选生长快、体形较长、色泽光亮的个体作为选育群体，每个世代进行5次分选（苗种期间15日龄、30日龄、45日龄、9月龄和20月龄），总选留率为2%。

团头鲂"浦江1号"在每个选育世代，从孵化出苗期至成鱼期，以生长速度为选育标准，对选育系实行4次选择。第1次，出苗后20~30天，体长3~4厘米，选留率为5%；第2次，出苗后120天，体长12~15厘米，选留率为10%；第3次，出苗后18个月，体重400~500克，选留率为12%；第4次，出苗后30个月，体重750~1 000克，选留率为50%。总选留率为0.03%。

杂交鲌鲂F_1（翘嘴鲌F_4♂×团头鲂浦江1号选育系F_{10}♀）以生长速度快与体形较长为指标，进行5次选择（苗种期间15日龄、30日龄、45日龄、

9月龄和20月龄），总选留率为2%（图3）。

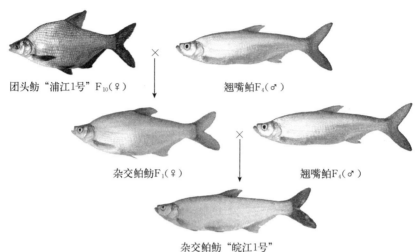

图3 杂交鲌鲂"皖江1号"育种程序

（三）品种特性和中试情况

1. 品种特征

体长而侧扁，头后背部稍隆起。头较小，吻钝。口亚上位，下颌厚，稍向上翘起。体背部略呈青灰色，体侧银白色，腹面银白色，背鳍、尾鳍灰黑色。背鳍Ⅲ-7，臀鳍Ⅲ-20～27，胸鳍Ⅰ，13～15，腹鳍Ⅰ，8，侧线鳞数67～83，侧线上鳞数14～17，侧线下鳞数7～10，第一鳃弓外侧鳃耙数18～25。全长/体长 4.56±0.08，体长/头长 4.98±0.36，体长/体高 3.62±0.18，体长/体厚 8.69±0.31，体长/尾柄长 6.76±0.31，尾柄长/尾柄高 0.89±0.12。染色体数 $2n=48$，核型公式 $22m+20sm+6st$，染色体臂数（NF）90。肌肉中乳酸脱氢酶电泳图谱为7条带。

2. 优良性状

该品种具有生长速度快、对饲料蛋白需求低、抗逆性强等特点。采用粗蛋白为32%的配合饲料，在同等条件下饲养2龄鱼，其生长速度比翘嘴鲌平均快37.02%，饲料成本平均降低44.78%。

3. 中试情况

2017—2018年，在安徽省安庆市、淮南市以及江苏省连云港市，采用委托测试的办法，开展杂交鲂鲌"皖江1号"与翘嘴鲌成鱼阶段中试养殖试验，研究团队全程提供了养殖技术指导，养殖方式为池塘专（单）养，两年累计养殖面积1 188亩。2龄鱼养殖放养密度1 600尾/亩，投喂32%的粗蛋白配合饲料，养殖周期7~8个月。杂交鲂鲌"皖江1号"池塘养殖饲料系数在1.3~1.4，与父本翘嘴鲌相比，其生长速度快32.6%~40.6%，饲料成本降低33.1%~50.4%。

二、人工繁殖技术

（一）亲本选择与培育

1. 亲本来源

2000年11—12月，从长江支流皖河段采集野生翘嘴鲌亲本1 000尾，从中筛选出300尾，作为选育基础群体，经连续4代选育的翘嘴鲌子代为父本。以杂交鲌鲂 F_1（翘嘴鲌 F_4 ♂×团头鲂"浦江1号"选育系 F_{10} ♀）为母本，团头鲂"浦江1号"是2012年从上海海洋大学试验基地引进。

2. 亲鱼培育方法

（1）池塘条件　面积以5~10亩为宜，注排水方便，池底平坦，保水性好，淤泥厚度10~20厘米，水深1.8~2.5米，水质清新，池水透明度20~30厘米，按0.3~0.5千瓦/亩配备相应的增氧机。

（2）放养密度　人工繁殖前春季强化培育期间，按100~150千克/亩单独培育。繁殖结束后，按300~500千克/亩单独饲养。

（3）饲料投喂　翘嘴鲌饲料粗蛋白含量以38%~42%为宜；团头鲂"浦江1号"以28%~32%为宜；中间体杂交鲌鲂 F_1 饲料粗蛋白含量以32%~34%为宜。以全价膨化配合饲料为主，以1小时内吃完为宜，日投饲量一般为鱼体重的2%~3%，根据水温、天气、吃食情况等适当调整。

（4）日常管理　每日早、晚巡池，注意观察水质变化和亲鱼活动情况，做好饲养记录。亲鱼培育期间，注意水质调节，保持水质清新，池水透明度保持在20~30厘米，水中溶解氧应在5毫克/升以上。通常每隔10~15天加注新水25厘米左右，产前1个月每隔5~7天加注新水25厘米左右。

（二）人工繁殖

1. 催产时间

长江流域人工繁殖季节一般在4月下旬至5月中旬，适宜繁殖水温为23~25℃。性成熟时，雌鱼卵巢轮廓明显、腹部柔软有弹性、腹部向上时腹中线下凹，雄鱼轻压腹部有少量精液流出。

2. 催产剂量

挑选性腺发育较好的亲鱼注射LRH-A与HCG的混合催产剂，1次注射，LRH-A的剂量为5微克/千克，HCG的剂量为800国际单位/千克，雄鱼注射剂量减半。

3. 孵化技术

（1）人工授精　已注射催产药物的亲鱼放入圆形水泥产卵池中暂养，用微流水进行刺激。当发现亲鱼开始"螺旋状"追逐，且池壁上黏附有适量卵粒时，轻轻地打捞亲鱼逐个检查，进行干法人工授精。把雌雄亲鱼分别捕起，擦干鱼体上的水，然后将卵和精液一起挤入干的面盆中，用硬鸡毛或手指不断搅拌，使其充分混匀、受精。数分钟后把受精卵慢慢地倒入已准备好的泥浆或加有滑石粉的水中脱黏，继续搅拌，至鱼卵不结块为止。再经数分钟，把脱黏的卵放在清水中洗净，然后将其倒入孵化桶中进行流水孵化；也可将其直接倒入大面盆或大桶的清水中，一人拨卵，另一人放入棕榈片等产卵巢，使受精卵黏附在上面，最后将产卵巢放入流水环道或其他孵化池中进行孵化。

（2）孵化　将带有受精卵的鱼巢放入家鱼孵化的环道内微流水孵化，放卵密度为800万～1 000万粒/米^3。孵化水质要求清洁清新，孵化用水一定要用80目以上尼龙网过滤。

（3）日常管理　控制环道水流，鱼苗出膜后至卵黄消失前，水体中卵膜碎皮多，耗氧量大，要求增大水流，防止鱼苗沉底。当出膜鱼苗卵黄囊基本消失，处于水平游动，腰点基本形成，眼点发黑，并开始摄食时，应及时转入苗种培育池培育。在整个孵化过程中，如受精卵感染水霉，可向孵化水中泼洒食盐溶液，使孵化水中食盐浓度为3‰，并停水3～5分钟，每天早晚各用一次。

（三）苗种培育

1. 池塘条件

要求水源充足，进排水方便，水质符合渔业水质标准。要求池底平坦，不渗水，淤泥厚度10～20厘米，池塘面积以5～10亩为宜，水深1.5～2.0米为宜，按0.3～0.5千瓦/亩配备相应的增氧机。

2. 清塘消毒

放苗前15天进行池塘清整消毒，杀灭潜在病原体及其他敌害生物。采用干法清塘，生石灰75～125千克/亩或漂白粉4～5千克/亩。进水用60～80目筛绢袋过滤处理，注入0.8～0.9米过滤新水。施用100～150千克/亩经过发酵的畜禽肥料作基肥，散堆放在池四周池水淹没处。放鱼前一天，池塘拉网一次，清除蝌蚪等敌害生物。

3. 鱼苗放养

放鱼前1天，将少量鱼苗放入池内网箱中，经24小时观察鱼的动态，检查池水清塘药物毒性是否消失。放养的鱼苗为3日龄鱼苗（即在受精卵孵化出膜后的第3天），夏花鱼种培育池塘放养密度为15万～25万尾/亩，一次放足。放养前每 10 万尾鱼苗投喂 1 个碾碎的熟鸡蛋黄，饱食下塘。下塘时孵化水温与池塘水温温差不超过 2 ℃，选择在池塘背风处或上风口处下塘。

4. 日常管理

（1）水位调节　鱼苗下塘时，池水深度 0.8～1.0 米。培育 7～15 天时，池水深度增加至 1.0～1.2 米。随着鱼苗生长、水质变化、天气情况改变，逐渐增加池水深度至 1.5 米以上。

（2）追肥与投饲　鱼苗下塘后，每日投喂豆浆 2～3 次，每 10 万尾鱼苗日黄豆用量 1.0～1.5 千克。随着鱼苗的生长，根据池塘浮游生物的丰度，适时施追肥，可施 40～60 千克/亩经过发酵的畜禽肥料或适量生物肥，为鱼苗提供充足的天然饵料。

鱼苗下塘后经 20～25 天培育，全长达 3 厘米左右，此时是食性转化阶段，应适量投喂相应粒径的全价配合饲料，投饲应执行"四定"原则。鱼种达到 3～5 厘米，定点投喂粗蛋白含量为 34% 左右的适宜口径配合饲料，日投喂 2～3 次，日投喂量为鱼体重的 2%～3%。鱼种达到 5 厘米以上时，日投喂 3～4 次，日投喂量为鱼体重的 3%～4%。具体根据水温和摄食情况确定投喂量，以 1 小时内吃完为宜，天气闷热时注意适当调整。

（3）水质调控　整个培育过程池水透明度保持在 25 厘米左右，前期基本不需要换水，7 月中下旬后每 10 天左右换一次新水，每次 20～30 厘米。夏季水质极易恶化，必要时更换池中部分老水，视天气情况，在凌晨 02：00—03：00 开增氧机 2～3 小时，保持水质"肥、活、嫩、爽"，维持池水清新、水体溶解氧丰富，以增强鱼体活力、促进其摄食生长。

三、健康养殖技术

（一）健康养殖（生态养殖）模式和配套技术

1. 池塘健康主养模式

12 月至翌年 3 月，成鱼养殖塘放养 80～120 克的杂交鲂鲌"皖江 1 号" 1 600 尾/亩，搭配放养 80～100 克的鲢 80 尾/亩、鳙 20 尾/亩，40～50 克的鲫 100 尾/亩，常规投喂粗蛋白含量为 32% 左右适宜口径的配合饲料。养殖周期 7～8 个月，杂交鲂鲌"皖江 1 号"产量 845 千克/亩，鲢、鳙产量 186 千克/亩，鲫产量 22 千克/亩。

2. 池塘健康混养模式

（1）鲫与杂交鲂鲌"皖江 1 号"池塘混养　12 月至翌年 3 月，成鱼养殖塘放养 40～50 克的鲫 2 000 尾/亩，混合放养 60～80 克杂交鲂鲌"皖江 1 号" 500 尾/亩，50～80 克的鲢 160 尾/亩、鳙 40 尾/亩，投喂粗蛋白含量为 32%

的配合饲料。经 7~8 个月养殖，鲫产量 452 千克/亩，杂交鲂鲌"皖江 1 号"产量 287 千克/亩，鲢、鳙产量 228 千克/亩。

（2）草鱼与杂交鲂鲌"皖江 1 号"池塘混养 12 月至翌年 3 月，成鱼养殖塘放养 500 克的草鱼 350 尾/亩，混合放养 60~80 克的杂交鲂鲌"皖江 1 号" 200 尾/亩，200~250 克的鲢 40 尾/亩、鳙 10 尾/亩，40~50 克的鲫 150 尾/亩，投喂青料和配合饲料。经 7 个月养殖，草鱼产量 658 千克/亩，杂交鲂鲌"皖江 1 号"产量 142 千克/亩，鲢、鳙产量 125 千克/亩，鲫产量 39 千克/亩。

（3）斑点叉尾鮰与杂交鲂鲌"皖江 1 号"池塘混养 12 月至翌年 3 月，成鱼养殖塘放养 80~100 克的斑点叉尾鮰 1 000 尾/亩，混合放养 60~80 克的杂交鲂鲌"皖江 1 号" 600 尾/亩，80~100 克的鲢 80 尾/亩、鳙 20 尾，30~50 克的鲫 100 尾/亩。投喂斑点叉尾鮰饲料，经 7 个月养殖，斑点叉尾鮰产量 550 千克/亩，杂交鲂鲌"皖江 1 号"产量 356 千克/亩，鲢、鳙产量 148 千克/亩，鲫产量 50 千克/亩。

3. 杂交鲂鲌"皖江 1 号"养殖技术要点

（1）池塘条件 养殖池塘应水源充足，水质良好，进排水方便，交通供电方便。土质以壤土为好，池底平坦，塘底淤泥 10~15 厘米，面积以 8~20 亩为宜，池塘按 0.3~0.5 千瓦/亩配备相应的增氧机，投饲机 1~2 台。水深以 1.5~2.5 米为宜。鱼种入池前清塘消毒，暴晒池底，杀死病原菌。采用干法清塘时，使用生石灰 75~125 千克/亩或漂白粉 4~5 千克/亩。

（2）鱼种放养 在 12 月至翌年 3 月，放养的鱼种要求大小均匀、体表光滑、体质健壮、同一池规格整齐。尽可能选择大规格的鱼种，以提高养成商品鱼规格。

（3）饲养管理 主养时投喂粗蛋白含量为 32% 左右的膨化配合饲料，饲料应新鲜并符合《无公害食品　渔用配合饲料安全限量》的规定。坚持定时、定位、定质、定量投饵原则，日投喂 2~3 次，投入的饲料以 1 小时左右吃完为宜，并根据天气、鱼摄食及活动等情况灵活掌握。

在养殖过程中，每天早晚巡塘一次，观察水质和鱼体摄食、活动情况，及时捞除残饵、死鱼，并做好日常记录。早晨观察有无浮头现象，如浮头过久，则应及时注水解救。傍晚检查吃食情况，以确定翌日的投喂量。高温季节、闷热天气中午开机增氧，防止浮头。天气突变时，应加强夜间巡视，防止意外。

保持水质"肥、活、嫩、爽"，溶解氧在 5 毫克/升以上，池水透明度在 25 厘米左右。适时注水，改善水质，一般 10~15 天加注新水 20~30 厘米，天气干旱时，相应增加注水次数。定期检查生长情况，如发现生长缓慢，则须加强投喂。如个体生长极不均匀，则应及时筛选分塘饲养。

（二）主要病害防治方法

到目前为止，杂交鲂鲌"皖江1号"尚未见暴发性流行性疾病发生。

1. 病害预防

（1）鱼池和养殖工具彻底消毒　放养前应做好池塘和养殖工具的清洗、消毒工作，一般采用200毫克/升生石灰或30~40毫克/升漂白粉浸泡和泼洒，以杀灭各种病原。

（2）苗种下池前后消毒　杂交鲂鲌"皖江1号"下池前应浸洗消毒，一般采用3%~5%的食盐溶液浸洗5~10分钟。下池后翌日，一般采用二氧化氯按常规方法全池泼洒消毒。

（3）合理放养，合理搭配　根据塘口条件和饲养模式等，确定适宜的放养密度，并合理配养其他种类，充分利用水体空间，防止缺氧引起死亡或水环境不良引发病害。

（4）水质调控　根据天气情况，及时开增氧机。根据水质情况，及时加注新水。交替使用微生态制剂，降低养殖水体中氨氮、亚硝酸盐和硫化氢等有害物质的含量。

（5）避免机械损伤　杂交鲂鲌"皖江1号"比翘嘴鲌性情温驯，具有鳞片不易脱落的特点。为减少不必要的损失，筛选、放养、起捕等过程中应小心操作，避免机械损伤。操作完毕后，及时采用常规方法消毒。

2. 病害治疗

目前养殖过程中仅见锚头鳋病，其病因、主要症状、流行季节、防治方法如下：

（1）病因　由寄生锚头鳋病原引起，对各龄鱼都可危害，其中尤以对鱼种危害最大。

（2）主要症状　发病初期，病鱼急躁不安，食欲减退，继而身体消瘦，游动缓慢。锚头鳋寄生部位发炎红肿，组织坏死，易感染其他疾病。小鱼患病后，食欲减退，游动缓慢，失去平衡，甚至锚头鳋的头部会钻入鱼体内，病鱼不久即死。

（3）流行季节　长江流域4—10月为锚头鳋产卵繁殖季节，此病的流行以秋季较严重。

（4）防治方法　①生石灰彻底清塘，杀死虫卵和幼虫。②用90%晶体敌百虫0.2~0.3克/米^{3}全池泼洒。用药后注意观察，如发现鱼有异常，及时开启增氧机。用药24小时后，池塘换水1/3。③在瘦水条件下，每亩施用300~500千克腐熟有机肥，改变生态环境。

四、育种和种苗供应单位

（一）育种单位

1. 安庆市皖宜季牛水产养殖有限责任公司

地址和邮编：安徽省安庆市华中东路 276 号，246003

联系人：甘小顺

电话：18956938082

2. 安徽省农业科学院水产研究所

地址和邮编：合肥市农科南路 40 号，230031

联系人：王永杰

电话：13655601967

3. 上海海洋大学

联系人：唐首杰

（二）种苗供应单位

安庆市皖宜季牛水产养殖有限责任公司

地址和邮编：安徽省安庆市华中东路 276 号，246003

联系人：高季牛

电话：13705560588

五、编写人员名单

王永杰，甘小顺，唐首杰，高季牛

罗非鱼"粤闽1号"

一、品种概况

（一）培育背景

罗非鱼肉质细嫩、肉味鲜美、骨刺少，是公认的高品质鱼，也是联合国粮食及农业组织（FAO）向全世界推广养殖的优良品种。我国养殖总产量和出口量均居世界首位，对世界罗非鱼的供应有着举足轻重的作用。经过多年的发展，我国罗非鱼产业现已形成了集遗传育种、种苗生产、成鱼养殖、饲料生产、加工、运销以及配套服务于一体的完整产业链，并成为我国出口创汇和渔民增收的重要途径。

由于罗非鱼性成熟早、繁殖周期短、繁殖力强，且雄鱼比雌鱼生长快45%～50%，在养殖生产中雌、雄鱼混养易使成鱼规格不整齐，进而影响经济效益，因此进行单性（雄性）养殖，可极大地提高单位面积产量和商品鱼的规格。目前罗非鱼产业已经通过种间杂交和雄性激素诱导两种方法基本实现雄性化的单性养殖，但种间杂交面临亲本提纯和保种困难及出苗率低的问题，而雄性激素对人体和环境都存在一定的安全隐患。此外，已经通过品种审定的不需要雄性激素处理的罗非鱼新品种"尼罗罗非鱼'鹭雄1号'（GS-04-001-2012）"，由于超雄亲本制种技术操作复杂，需要投入大量的人力物力，且制种周期长，不利于品种的大规模推广应用。因此，培育超雄亲本制种保种简单、自然雄性率高、生长速度快的罗非鱼新品种，对于推动罗非鱼产业的绿色可持续发展具有重要意义。

中国水产科学研究院珠江水产研究所罗非鱼育种研究团队自2008年起，在国家现代农业产业技术体系（国家罗非鱼产业技术体系/国家特色淡水鱼产业技术体系）、国家重点研发计划（蓝色粮仓科技创新）等项目支持下，联合福建百汇盛源水产种业有限公司，研发了一种简单易行的超雄罗非鱼制种保种技术，培育出了雄性率高、生长速度快、规格均匀、出肉率高的罗非鱼"粤闽1号"新品种。

（二）育种过程

1. 亲本来源

以2008年来自台湾的尼罗罗非鱼30 000尾和奥利亚罗非鱼30 000尾为基

础群体，以生长速度和形态为主要指标进行选育。以经过连续 5 代选育的尼罗罗非鱼雌性个体作为母本，以"奥尼"杂交获得的超雄罗非鱼作为父本。其中，父本以通过选育的尼罗罗非鱼为核心材料，通过转性及测交获得超雄罗非鱼（$YY_n♂$），然后 $YY_n♂$ 与经过选育的奥利亚罗非鱼雌鱼（ZW♀）杂交获得 WY 型雌鱼，WY♀ 再与 $YY_n♂$ 杂交获得超雄罗非鱼 $YY_a♂$。

2. 技术路线

选育技术路线见图 1。

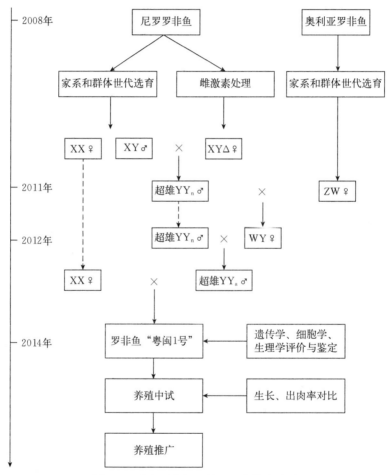

图 1　罗非鱼"粤闽 1 号"选育技术路线

3. 选育过程

2008 年 5 月初，从来源于台湾的 30 000 尾尼罗罗非鱼和奥利亚罗非鱼中根据生长和外形特征（相同体长规格下，选留头长小、体高大的个体）挑选

18 000尾进行养殖，选留率为60%。养殖2个月后进行第二次筛选，挑选个体大、体态健壮、头小体高的雌性罗非鱼2 700尾（选留率为15%）、雄性罗非鱼1 800尾（选留率10%）。11月初，再挑选雌性罗非鱼1 350尾（选留率50%）、雄性罗非鱼900尾（选留率50%）进行越冬。2009年3月，从越冬的罗非鱼中挑选雌性罗非鱼900尾（选留率66.7%）和雄性罗非鱼600尾（选留率66.7%）作为亲鱼，繁殖下一代。

2009年，构建尼罗罗非鱼全同胞家系118个，奥利亚罗非鱼全同胞家系120个，检测150克/尾鱼种各家系子代性别比例，将性比1∶1的家系混池培育，性比不符合1∶1的家系舍弃。2009—2012年，按照2008年的选育方法，即每一代总的选留率为5%，其中雌鱼总选留率为3%，雄鱼总选留率为2%，对尼罗罗非鱼再连续进行4代选育，作为罗非鱼"粤闽1号"的母本（图2）。

图2　罗非鱼"粤闽1号"的亲本
♀：雌性尼罗罗非鱼；♂：YY_n超雄鱼

2010年4月，以选育后的尼罗罗非鱼为亲本，对其子代进行雌激素性逆转。2011年3月底，在3米×1米×1米的网箱内使用选育过的尼罗罗非鱼雄鱼对雌性化后的尼罗罗非鱼进行测交检验。每个网箱内投放雌雄鱼各一尾，投放时注射PIT电子标记，并记录网箱编号和所对应的亲本电子标记号。根据各家系的雌雄比例和家系亲本的PIT标签号码，筛选基因型为XY型的尼罗罗非鱼伪雌鱼。将雌雄性比1∶3的子代混池培育，同年10月底，筛选200尾生长快、体质健壮的雄鱼，注射PIT电子标记后与筛选获得的伪雌鱼在循环水养殖系统和人工孵化设施中进行人工繁殖，构建176个回交家系，根据子代性比筛选YY型超雄鱼（记为YY_n）。

2012年1月初，以经过4代选育的奥利亚罗非鱼雌鱼与筛选获得的超雄罗非鱼杂交构建家系，其中雌雄比例1∶1的子代中雌鱼基因型为WY。将上述雌性个体混池培育，同年7月底筛选体形好、体质健壮，斑纹清晰、色泽光亮，头小体高肉厚、鳞鳍完整的1 000尾WY雌鱼。将筛选的WY型雌鱼与超雄罗非鱼（YY_n）配对繁殖，其子代雌雄比例接近1∶1，其中雄鱼即为YY超雄鱼（记为YY_a），11月底筛选体形好、体质健壮，斑纹清晰、色泽光亮，头小体高肉厚、鳞鳍完整的雄鱼（YY_a）和雌鱼（WY）各5 000尾进行越冬。

按照 WY♀×YY♂→WY♀＋YY♂ 的理论基础，以筛选获得的 YY_a 超雄鱼为父本，WY 雌鱼为母本，杂交后子代的雄鱼即为 YY_a，既可以用作生产罗非鱼"粤闽1号"的父本（图2），也可以与 WY 雌鱼杂交完成 YY_a 超雄鱼的继代保种，继代保种同样按照每一代总的选留率为 5% 的方法进行筛选。

（三）品种特性和中试情况

1. 品种特性

（1）形态特征 罗非鱼"粤闽1号"（图3）体高，侧扁。头小、背高、体厚，头部稍隆起。体披栉鳞。侧线断折，呈不连续的两行。尾鳍末端为钝圆形，不分叉。成鱼身体两侧有与侧线垂直的黑带9条。背鳍、臀鳍及尾鳍上均有黑白相间的斑点，在背鳍、臀鳍上呈斜向排列，尾鳍上的

图3 罗非鱼"粤闽1号"

斑点呈线状垂直排列，成鱼在17条以上。性成熟雄鱼的尾鳍、臀鳍末端呈红色，背鳍边缘黑色。幼鱼阶段背鳍有一个大而显著的斑点，以后逐渐消失。对于体长 23.7~34.6 厘米、体重 560.0~1 605.0 克的个体实测性状比例值：全长/体长 1.21±0.02，体长/体高 2.24±0.10，体长/头长 3.31±0.15，体长/尾柄长 8.46±0.92，头长/吻长 3.08±0.42，头长/眼径 6.02±0.62，头长/眼间距 1.87±0.07，尾柄长/尾柄高 0.79±0.08。背鳍Ⅺ~Ⅻ，12~14；臀鳍Ⅲ，9~11；侧线上鳞数 20~26，侧线下鳞数 13~19，左侧第一鳃弓外鳃耙数 27~31，脊椎骨总数 31~33。

（2）优良性状 在相同养殖条件下，罗非鱼"粤闽1号"平均体重比同期养殖的吉富罗非鱼提高 23.77%。规模化生产时罗非鱼"粤闽1号"的自然雄性率达到 98.31%。罗非鱼"粤闽1号"头小、体高，规格均匀，在同等规格和相同加工工艺条件下，其平均带皮出肉率比吉富罗非鱼高 2.54%。父本超雄罗非鱼制种容易，方便推广。

2. 中试情况

为评估罗非鱼"粤闽1号"新品种的生产性状，2017—2018 年在云南和广西开展了连续两年的第三方生产性对比养殖试验，并在广东和广西进行了出肉率对比试验。

2017—2018 年，由西双版纳自治州水产技术推广站组织开展了云南地区罗非鱼"粤闽1号"生产性对比测试，测试方法为异塘平行重复，中试地点为西双版纳锦海源水产养殖有限公司和西双版纳同益水产科技有限公司的养殖

场，累计测试面积1 120亩，对比测试结果表明，在相同的养殖周期内，罗非鱼"粤闽1号"平均体重比当地吉富罗非鱼平均体重高24.81%~27.30%，成活率提高11.73%~14.27%。罗非鱼"粤闽1号"苗种培育过程中个体均匀度高于当地吉富罗非鱼，罗非鱼"粤闽1号"体重变异系数比当地吉富罗非鱼降低6.45%~7.77%，苗种规格整齐。

2017—2018年，由惠州市渔业研究推广中心组织开展了广东地区罗非鱼"粤闽1号"生产性对比测试，测试方法为异塘平行重复和同塘标记两种方法，中试地点为惠州市博罗县同乐农业技术发展有限公司和惠州市正道实业有限公司的养殖场，累计测试面积600亩，对比测试结果表明，在相同的养殖周期内，罗非鱼"粤闽1号"平均体重比当地吉富罗非鱼平均体重高23.01%~24.78%，体重变异系数降低3.86%~6.86%，成活率提高10.27%~12.84%。在放养密度为3 000尾/亩时，罗非鱼"粤闽1号"养殖产量、规格、个体均匀度和饵料系数显著优于当地吉富罗非鱼，达到上市规格（500克）时间较当地吉富罗非鱼时间短。每亩罗非鱼"粤闽1号"比当地吉富罗非鱼增产452~492千克，增加收入明显。

2017—2018年，在广西壮族自治区的广西百嘉食品有限公司开展罗非鱼"粤闽1号"出肉率对比试验，累计对比检测12 000尾，对比试验表明：同等规格和相同加工工艺条件下，罗非鱼"粤闽1号"的带皮出肉率比当地吉富罗非鱼的带皮出肉率高2.37%~2.52%。

2017—2018年，在广东省的湛江满鲜水产有限公司开展罗非鱼"粤闽1号"出肉率对比试验，累计对比检测12 000尾，对比试验表明：同等规格和相同加工工艺条件下，罗非鱼"粤闽1号"的带皮出肉率比当地吉富罗非鱼带皮出肉率高2.62%~2.64%，罗非鱼"粤闽1号"一般浅去皮鱼片的出成率比当地吉富罗非鱼一般浅去皮的出成率高2.03%~2.12%。

另外，还在广东省茂名市、海南省海口市、福建省漳州市和广西壮族自治区南宁市等地进行了罗非鱼"粤闽1号"中试养殖试验，累计养殖面积4 817亩，各地养殖和加工厂加工试验表明：罗非鱼"粤闽1号"生长速度快、头小、体高、规格均匀、雄性率高、出肉率高、经济效益显著。

二、人工繁殖技术

（一）亲本选择与培育

1. 亲本来源

从选育单位获得罗非鱼"粤闽1号"亲本，母本为连续选育的尼罗罗非鱼雌鱼，雄鱼为"WY♀×YY$_a$♂→WY♀＋YY$_a$♂"继代保种体系中的超雄罗非鱼（YY$_a$ ♂），体形、体色符合其种质标准，体质健壮，性腺发育良好。

2. 亲本培育

雌性尼罗罗非鱼亲鱼和 YY$_a$ 超雄罗非鱼应隔离饲养，建立亲本档案信息，严防混杂、逃逸。每亩亲鱼培育池放养合格产前亲鱼 200～300 千克。繁殖季节前 1 个月开始强化培育，以配合饲料为主，辅以饼粕、糠麸，日投饲量为鱼体总重的 2%～5%，上下午各投一次。注意观察摄食情况，根据天气变化适当增减投饲量，阴雨天或鱼浮头时应停喂。注意调节水质，适时补充新水。每天早、中、晚注意巡塘、观察，及时清除蛙卵、蝌蚪、杂草、病鱼等。

（二）人工繁殖

1. 亲鱼挑选

配种前将亲鱼从亲鱼池中起捕，挑选头小、背高、体厚、无畸形、体质健壮、体表无伤，生殖孔发育良好的个体用于配对。一般雌鱼和雄鱼均在 6 月龄以上，其中雌鱼体重达 500 克以上，雄鱼体重达 600 克以上即可进行配对繁殖。

2. 亲鱼配对

繁殖池以土池为宜，亲鱼配对繁殖前 15 天，首先对繁殖池进行常规清整消毒，池塘水温回升并稳定在 20 ℃ 以上时，即可放养亲鱼。雌雄亲鱼按 3∶1 比例放养，每亩放养雌亲鱼 600 尾，雄亲鱼 200 尾。

3. 苗种收集

当水温稳定在 23 ℃ 以上时，亲鱼配对 10～15 天即发情追逐、挖窝交配，再过 7～10 天，可见池边有鱼苗成群游动，遇惊吓即被雌亲鱼吸入口中（即护幼行为），此时已繁苗成功。当鱼苗行自营生活、尚未散群时，亲鱼开始停止护幼行为，便可开始捞苗。见到池边有未散群的鱼苗后，采用筛绢制成的抄网，每天日出前捞取，随见随捞；或用密网每 10 天左右全池捕捞一次。鱼苗移至苗种池培育。集中一批，培育一批，使相同规格的鱼苗同步同期培育，避免因个体差异而互相捕食。

（三）苗种培育

1. 培苗池准备

放苗前 7～15 天，排干培苗池池水，保留 10～20 厘米水，每亩使用 50 千克生石灰全池泼洒消毒。放苗前 5～7 天，施加经发酵腐熟并消毒的有机肥（绿肥 400～500 千克/亩或粪肥 200～250 千克/亩），施肥 2～3 天后，将苗种池水位加深至 0.5～0.8 米。加水时要用密网过滤，防止野杂鱼和有害生物进入鱼池。

2. 育苗放养

水温稳定在 20 ℃以上时，即可投苗标粗。从繁殖池收集的苗种（全长为 1～1.5 厘米）经消毒后放入培苗池中进行培育，放养密度一般为 6 万～8 万尾/亩。

3. 饲养管理

苗种入塘后，在培苗池中增设饵料台，鳗鱼料加适量水揉成团状投放在饵料台上，投喂量为苗种体重的 5%左右，每天投喂 3～4 次，以 2 小时内吃完为宜，以后随着鱼体长大，投饲量可适当增加。如果没有条件建设饵料台，则可使用 36%～38%蛋白含量的粉料，在培苗池上风向沿池边投料，且需要密切观察水质变化。培育期间，每天早、晚各巡塘一次，观察鱼苗的活动情况和水质变化，以便决定投饲量和是否加注新水。检查池埂有无漏水和逃鱼现象。及时捞掉蛙卵、蝌蚪、死鱼及杂草等。此外，每 5～7 天注水一次，使池水深在最后培育阶段达 1.0～1.5 米。加水时，要用密网过滤，防止野杂鱼和其他有害生物进入鱼池。

4. 过筛分级

鱼苗经过 14～30 天的培育，即可长到 3～6 厘米，根据养殖需求用鱼筛进行分级，将规格相近的鱼种集中转入大塘进行商品鱼养殖。

三、健康养殖技术

（一）健康养殖（生态养殖）模式和配套技术

1. 池塘条件

面积 7～20 亩的长方形池塘为宜，水深 1.5～2.0 米，池底平坦，沙壤土或壤土，不渗漏，淤泥厚度少于 20 厘米。水源充足，进排水分开，配备进排水设备；井水、温泉水、河水、湖水、水库水均可。养殖池塘水质和使用应符合国家规定。每 3 亩配备 1.5 千瓦叶轮式增氧机。

2. 池塘清整

放苗前 20～30 天排干池水，充分暴晒塘底，然后注水 10 厘米左右，每亩使用 50 千克生石灰或 10 千克漂白粉化水后全池泼洒消毒，杀死池塘中原有的有害生物。

3. 池塘培水

消毒一周后，用 60 目密网过滤进水至 60～80 厘米水深，施基肥，培育水质。通常每亩施粪肥 200～500 千克。粪肥在投放前需经发酵并用 1%～2%生石灰消毒，加水调稀后全池泼洒。基肥施放后，以水色逐渐变成茶褐色或油绿色为最好。

4. 鱼苗放养

选择规格整齐，体质健壮无病，游动活泼的苗种，在池塘水温回升并稳定在18℃以上时，即可放养苗种。在华南地区，通常在3月底至4月初，即可放苗。

5. 养殖模式

养殖模式可根据不同的池塘条件、肥料、饲料来源、放养苗种的规格大小、要求出池的时间和规格，以及不同的管理水平等决定。一些主要的养殖模式见表1。

表1 池塘饲养罗非鱼"粤闽1号"的主要模式

养殖模式	放养时间	鱼种规格	放养密度（万尾/公顷）	出池时间	出池规格	备注
A	3月底	40～80尾/千克	2.25	7月	0.5～0.6千克/尾	清塘后，在原塘放养当年繁殖的罗非鱼水花（规格约1厘米/尾）450 000尾/公顷，12月可培育成规格为100尾/千克的大规格鱼种越冬
B	3月底	80～100尾/千克	1.5～1.8	11月	0.9～1.0千克/尾	
C	5月	1厘米/尾	75	7月	80～100尾/千克	逐步分稀至15万尾/公顷培育，7月培育至80～100尾/千克，再分塘饲养
C	7月	80～100尾/千克	1.2～1.5	12月	0.4～0.5千克/尾	
D	3月底	5～7尾/千克	2.25～3	7月	0.6～0.75千克/尾	第一造在7月出池，清塘后可在原塘养殖第二造
D	7月	80～100尾/千克	1.2～1.5	12月	0.4～0.5千克/尾	

6. 养殖管理

以配合饲料为主，饲料质量应符合NY 5072—2002的规定；日投饲量为鱼体总重的3%～5%，上下午各投一次。注意观察摄食情况，根据天气变化适当增减投饲量，阴雨天或鱼浮头时应停喂。每天早、晚注意巡塘，观察鱼的摄食情况和水质变化。每15～20天注水1次，高温季节可视情况增加注水次数。每天午后及清晨各开增氧机1次，每次2～3小时，高温季节可适当增加开机时数。

（二）主要病害防治方法

常见鱼病及其防治见表2。

表2 常见鱼病及其防治

病名	发病季节	症状	防治方法
车轮虫病	5—8月	鳃组织损坏	0.5～0.7毫克/升硫酸铜、硫酸亚铁合剂（5∶2）全池泼洒

(续)

病名	发病季节	症状	防治方法
斜管虫病	3—5月、12月	皮肤和鳃呈苍白色，或体表有浅蓝色或灰色薄膜覆盖	0.5~0.7毫克/升硫酸铜、硫酸亚铁合剂（5∶2）全池泼洒，或2.5%食盐溶液浸浴20分钟
水霉病	常年可见，2—5月易发生	体表菌丝大量繁殖如絮状，寄生部位充血	避免鱼体受伤；2%~3%食盐溶液浸浴10分钟，或400毫克/升食盐、小苏打（1∶1）全池泼洒
细菌性皮肤溃烂病	高密度养殖、越冬期间易发生	体表充血、鳞片脱落、皮肤溃烂	疾病早期，改良水质，使水温稳定，投喂优质饲料，病鱼会逐渐自愈；或用1~2毫克/升漂白粉（28%有效氯）全池泼洒

注：浸浴后药物残液不得倒入养殖水体。

四、育种和种苗供应单位

（一）育种单位

1. 中国水产科学研究院珠江水产研究所

地址和邮编：广东省广州市荔湾区兴渔路1号，510380

联系人：卢迈新

电话：13602883539

2. 福建百汇盛源水产种业有限公司

地址和邮编：福建省漳州市芗城区滨江路沿江1幢5号304，363000

联系人：杨冰清

电话：0596-2862598

（二）种苗供应单位

福建百汇盛源水产种业有限公司

地址和邮编：福建省漳州市芗城区滨江路沿江1幢5号304，363000

联系人：杨冰清

电话：0596-286259

五、编写人员名单

曹建萌，卢迈新，刘志刚，高风英，可小丽

翘嘴鲌"全雌1号"

一、品种概况

(一) 培育背景

翘嘴鲌(*Culter alburnus*)隶属于鲌亚科、鲌属,是我国重要的淡水名优经济鱼类之一,且以太湖产的翘嘴鲌最负盛名,位列"太湖三白"之首。该鱼为中上层鱼类,生长快,肉质鲜嫩,经济价值高,深受消费者喜爱,因此,进行翘嘴鲌的新品种选育具有重要的社会效益和经济效益。湖州是最早突破翘嘴鲌繁殖技术的地区,在翘嘴鲌的苗种供应市场上占有重要地位。浙江省淡水水产研究所于2004年冬季从太湖湖州段捕捞野生群体进行强化培育,并以此为基础群体开展了翘嘴鲌的选育工作。

在养殖过程中发现同一养殖条件下雌性翘嘴鲌较雄性个体大。通过对3个翘嘴鲌养殖群体的实际测试比较发现,当年2龄(18月龄)商品鱼阶段雌性个体体重较雄性个体平均高12.6%。因此,培育全雌养殖群体对于提高翘嘴鲌养殖产量和经济效益具有重要意义。近年来,我国在鱼类性别决定与分化方面的应用基础研究取得重要进展,建立了雌核发育诱导、性别标记辅助、性逆转等性别控制技术,成功培育出黄颡鱼"全雄1号"、全雌牙鲆"北鲆1号"、全雌牙鲆"北鲆2号"和罗非鱼"鹭雄1号"等单性水产新品种,为鱼类性控育种提供了可借鉴的应用实例。为此,课题组针对翘嘴鲌选育周期长、单性育种潜力大等特点,通过群体选育、雌核发育诱导、性逆转等育种技术的集成应用,获得了性成熟的生理性雄鱼,并通过生理性雄鱼与经雌核发育诱导的雌鱼进行人工授精,培育出了具有雌性比例高、生长速度快的翘嘴鲌"全雌1号"。

(二) 育种过程

1. 亲本来源

该品种是以2004年从太湖湖州段捕捞后经以生长速度为目标性状的2代群体选育和2代异源雌核发育的翘嘴鲌子代为母本(XX),以利用性别控制技术诱导雌核发育翘嘴鲌子代获得的生理性雄鱼（XX'）为父本，经交配繁殖获得的 F_1，即为翘嘴鲌"全雌 1 号"。

2. 技术路线

翘嘴鲌"全雌 1 号"选育技术路线见图 1。

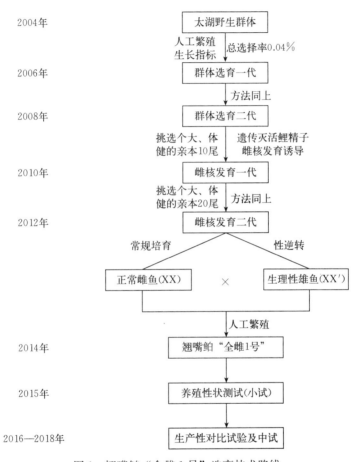

图 1 翘嘴鲌"全雌 1 号"选育技术路线

3. 选育过程

（1）翘嘴鲌基础群体的构建 2004 年冬季，课题组从太湖湖州段捕捞野生群体，并按常规方法进行池塘养成和强化培育。2006 年 6 月，挑选个体大、体质健壮、性腺发育良好的雌雄个体作为亲本，经人工催产和自然交配，繁殖获得群体选育一代（BF_1）鱼苗。

（2）翘嘴鲌群体选育过程 BF_1 按常规方法进行池塘培育和养成，并分别在 2006 年的 8 月（选留率 5%，体长大于 3 厘米）、12 月（选留率 10%，体长大于10厘米）和2007年12月（选留率8%，体长大于35厘米）进行选留，挑选生长快、体形好、色泽光亮、无病的个体作为候选亲本，共计420尾；2008年6月从候选亲本中挑选性腺发育良好的雌雄个体作为亲本，经人工催产和自然交配，繁殖获得群体选育二代（BF_2）鱼苗；BF_2代按上述方法进行培育、养成和筛选，共计选留候选亲本350尾，2010年培育至性成熟（2+冬龄）。后续世代的选择按照同样的方法进行，即每一世代进行3次选择，总选择率为0.04%，每代选留候选亲本400尾左右。

（3）翘嘴鲌雌核发育群体的建立 2010年6月，挑选个体大、体形佳、体质健壮的10尾BF_2代雌性个体（2+冬龄），以遗传灭活的鲤精子作为激活源，采用冷休克抑制第二极体排出法，诱导获得了雌核发育一代（BFG_1）苗种1 500尾；BFG_1按照常规方法池塘培育和养成，其间淘汰了性腺发育停滞、体形畸形的个体，2012年获得性成熟雌核发育一代鱼365尾（2冬龄，个体差异较大），选择率为24.3%。2012年6月，从BFG_1中挑选生长快、性腺发育好、体形佳的个体采用同样方法进行第二次雌核发育诱导，获得雌核发育二代（BFG_2）苗种5 000尾，其中3 000尾按照常规方法池塘培育和养成，2014年最终选留性成熟二代雌核发育鱼（BFG_2）1 020尾。课题组于2014年开始，挑选体形好、性腺发育良好的二代雌核发育鱼作为翘嘴鲌"全雌1号"苗种生产的母本。与此同时，课题组按照上述同样方法，定期挑选群体选育的性状优良个体进行雌核发育诱导。

（4）翘嘴鲌生理性雄鱼的培育 2012年6月，从获得的同一批次雌核发育二代（BFG_2）中选留2 000尾苗种用于性逆转，其间淘汰了雌性个体和性腺发育异常个体，2014年最终选留性成熟的生理性雄鱼（BFG_2'）230尾。之后，陆续对获得的雌核发育二代鱼进行性逆转。

（5）翘嘴鲌"全雌1号"的制种及苗种扩繁 2014年6月，挑选能挤出精液的生理性雄鱼和性成熟的二代雌核发育鱼进行人工催产、干法授精，繁殖获得了具有生长速度快、雌性比例高等特点的翘嘴鲌子代，即为翘嘴鲌"全雌1号"。

（三）品种特性和中试情况

1. 品种特性

一是生长速度快，在相同养殖条件下，翘嘴鲌"全雌1号"当年2龄（18月龄）商品鱼生长速度较未经选育的翘嘴鲌平均提高17.0%，且规格更为均匀。二是雌性比例高，翘嘴鲌"全雌1号"新品种的性腺可正常发育成卵巢，生产性对比试验过程中平均雌性率为99.8%。

2. 中试情况

为了评估翘嘴鲌"全雌1号"的生产性状,课题组分别在浙江和湖北两个主产区开展了翘嘴鲌"全雌1号"的成鱼养殖阶段生产性对比试验,养殖方式为1龄鱼种池塘专养,其中对照组来自浙江吴兴省级翘嘴红鲌良种场。放养密度为2 000尾/亩,养殖面积共650亩。

浙江试验时间为2016—2017年,两个试验点的池塘面积分别为158亩和180亩。2016年养殖结果表明,翘嘴鲌"全雌1号"平均雌性率为99.6%,平均养殖成活率为94.6%,生长速度较对照组平均提高16.8%,亩产较对照组平均提高17.4%。2017年养殖结果表明,翘嘴鲌"全雌1号"平均雌性率为100%,平均养殖成活率为92.9%,生长速度较对照组平均提高16.2%,亩产较对照组平均提高16.4%。

湖北试验时间为2017—2018年,两个试验点的池塘面积分别为152亩和160亩。2017年养殖结果表明,翘嘴鲌"全雌1号"平均雌性率为99.8%,平均养殖成活率为93.8%,生长速度较对照组平均提高18.3%,亩产较对照组平均提高17.7%。2018年养殖结果表明,翘嘴鲌"全雌1号"平均雌性率为99.8%,平均养殖成活率为94.9%,生长速度较对照组平均提高16.7%,亩产较对照组平均提高17.1%。

与此同时,课题组还开展了生产性中试。2016—2018年,课题组在杭州、湖州、绍兴、洪湖和常州等地挑选了7家水产企业,采用委托测试的办法开展了本品种的生产性中试,全程提供养殖技术指导(图2)。主要养殖模式为池塘单养。三年累计中试池塘养殖面积2 790亩,生产翘嘴鲌"全雌1号"当年2龄(18月龄)商品鱼2 760.9吨,平均单产989.6千克/亩。从连续中试养殖及客户反馈情况看,翘嘴鲌"全雌1号"表现出雌性率高、生长速度快等特点,是适宜普及和推广的优良养殖新品种。

图2 翘嘴鲌"全雌1号"池塘养殖拉网收获

二、人工繁殖技术

(一) 亲本选择与培育

1. 亲本来源

亲本来源于从正规渠道购买的翘嘴鲌"全雌1号"亲本。应选择2~5龄的体质健壮、性腺发育好、无病、无伤、无畸形的个体。雌鱼体重在1千克以上，雄鱼体重0.75千克以上。

2. 培育方法

开春后适当降低水位提高水温，4月中旬开始，每周冲注新水1~2次，定时开机增氧，5月下旬停止注水。以无病害的小规格鲜活饵料鱼为主，辅以人工配合饲料，配合饲料要求符合SC/T 1077的规定。每天投饲量为鱼体重的2%~5%，具体视水温和摄食情况灵活掌握。

(二) 人工繁殖

1. 催产

采用腹腔注射法，注射部位以腹鳍基部为宜，一次性注射。其中雌鱼搭配普通雄鱼，按雌雄比（2~3）:1进行配组，用以判别效应时间及诱导产卵。翘嘴鲌注射HCG和LRH-A_2混合剂。注射催产剂后，按每产卵池放入30~40尾雌鱼及搭配的普通雄鱼，生理性雄鱼单独放置一个产卵池。产卵池上方加盖网衣，保持冲水，避免人为干扰。催产药物剂量及效应时间见表1。

表1 翘嘴鲌注射催产药物剂量及在不同温度下的效应时间比较

品种	催产药物剂量	水温（℃）	效应时间（小时）
翘嘴鲌	雌鱼：HCG 1 000~2 000 国际单位/千克+ LRH-A_2 5~10 微克/千克；雄鱼：剂量减半	24~25	9~10
		26~28	7~8.5

2. 人工授精

待观察到雌、雄亲鱼追逐行为强烈，发情产卵后，及时进行人工繁殖。先捕捞生理性雄鱼进行精液采集，稀释3~5倍后保存在装有碎冰的泡沫盒中。随后对雌鱼进行检查，将轻压腹部能挤出鱼卵的雌鱼选出。采用干法人工授精，将采集的翘嘴鲌卵子和生理性雄鱼精子进行混合，受精卵经泥浆脱黏后移入孵化环道或孵化桶孵化（图3）。催产后亲鱼经0.1毫克/升的聚维酮碘消毒处理后放回池塘培育。

图 3 翘嘴鲌"全雌 1 号"人工繁殖

3. 产卵与孵化

将受精卵放入孵化环道或孵化桶孵化,其中孵化桶 $30\times10^4 \sim 50\times10^4$ 粒/米³,孵化环道 $50\times10^4 \sim 80\times10^4$ 粒/米³,孵化水流速度以鱼卵不沉积为宜。孵化水质要求清洁清新,孵化用水必须用 80 目以上的尼龙网过滤。水温 24~27 ℃,受精卵经 24~36 小时孵化出膜。

(三)苗种培育

1. 夏花鱼种培育

鱼苗出膜后 2~3 天,鳔形成、能在水中平游时,即可带水出苗,转入预先培肥的苗种培育池塘中,进入苗种培育阶段。放养前 10~15 天,用 75~150 千克/亩的生石灰干塘消毒。消毒后 2~3 天,注入经 60~80 目筛绢过滤的新水 40~50 厘米,每亩施经发酵的有机肥 100~200 千克。

鱼苗要求鱼体透明,色泽光亮,不呈黑色。喜集群游动,行动活泼,有逆水能力。畸形率小于 1%,损伤率小于 1%,无病症,不得检出违禁药物残留。每亩放养鱼苗 10 万~20 万尾。

鱼苗下池后，每天每亩池塘均匀泼洒2～3千克黄豆磨成的豆浆。鱼苗全长2厘米后，增加投喂粉状全价配合饲料，每天2～3千克/亩，分上午、下午2次投喂。下塘1周后，每3～5天加注一次新水，每次10～15厘米。水深80～100厘米后，采用微生物制剂调水，使透明度保持在20～30厘米。鱼苗全长至3.0厘米以上即可出池，进入冬片鱼种培育阶段。

2. 冬片鱼种培育

池塘清整、基础饵料培养同夏花鱼种。夏花鱼种要求体形正常，体表光滑，有黏液，色泽正常，游动活泼，鳍条、鳞片完整。畸形率小于2％，损伤率小于2％。95％以上全长达到3.0～4.0厘米。无病症，不得检出违禁药物残留。每亩放养1万～1.5万尾。放养前用3％～5％食盐水浸浴3～5分钟。

鱼种全长8厘米以后以膨化颗粒饲料为主，粗蛋白含量要求在40％以上。日投喂占鱼体重的2％～5％的膨化配合饲料，以1小时内吃完为宜，分上午、下午2次投喂。每5～7天加换一次新水，每次换水量10～15厘米，池水透明度控制在25～30厘米。定期使用微生物制剂调节水质。每天早晚各巡塘一次，观察和记录天气、水质、鱼的吃食活动和生长情况。当鱼种培育至8.0厘米以上时即可出池，进入成鱼养殖阶段。

三、健康养殖技术

（一）健康养殖（生态养殖）模式和配套技术

1. 池塘专（单）养

（1）放养前准备　要求池底平坦，不渗水，面积2 000～5 000米^2，水深1.5～2.0米。按每1 000米^{2}配备增氧机0.45～0.75千瓦。鱼种放养前10～15天，排干塘水，清整池塘，去除过多淤泥，每亩用75～150千克生石灰化浆全池均匀泼洒消毒。消毒后2～3天，注入经60～80目筛绢过滤的新水40～50厘米，每亩施经发酵的有机肥100～200千克，分散堆放在池四周池水淹没处。

（2）鱼种放养　放养时间为每年12月至翌年3月。全长10厘米以上，要求大小均匀，体质健壮，体表光洁，无病、无伤、无畸形。放养前用3％～5％食盐水浸洗10～15分钟。每亩放养鱼种1 500～2 200尾，适当搭养鲢、鳙、鲫等，一般套养鱼种阶段的鲢80～100尾、鳙16～20尾、鲫150尾。

（3）饲养管理　以全价膨化配合饲料为主，要求粗蛋白含量40％以上。采用"慢、快、慢"投饲方式，一日2～3次。日投饲量占鱼体重的2％～3％，视摄食情况适当调整。放养后一个月内注满池水，视温度、水质情况适时添加水，每次换水量20～30厘米，使池水透明度保持在20～30厘米。

(4) 日常管理 每天早晚各巡塘一次,观察水质和鱼体摄食、活动情况,及时捞除残饵、死鱼,并做好日常记录。高温季节、闷热天气中午开机增氧,防止浮头。

2. 网箱养殖

适宜网箱养殖的水域有湖泊、水库、外荡、江河等大水面,网箱设置应选择水深3米以上,透明度0.5米以上,溶解氧5毫克/升以上,pH 7.0~8.5的水域。网箱常用规格为(3.0~5.0)米×(4.0~8.0)米×(2.0~3.5)米,必须制封盖,网目大小以不逃鱼为原则。网箱设置应在鱼种放养前15~20天完成。设置食台,防止饲料漏出网箱。放养15厘米以上鱼种,放养密度为50~150尾/米^2,当年2龄(18月龄)商品鱼养成规格500克/尾以上,产量可达30~75千克/米^3。投饲管理同池塘养殖,要求少量多次,以半小时内吃完为宜。日常管理除观察鱼体摄食、生长与捞除死鱼外,主要根据网目堵塞情况洗刷箱体,检查网箱有否破损,防止逃鱼现象发生。

(二)主要病害防治方法

翘嘴鲌"全雌1号"抗病能力较强,在养殖过程中较少发生大规模病害。在整个养殖周期内,做到"预防为主、防重于治"。病害预防一般有以下措施:①放养前对池塘进行清整消毒;②鱼苗、鱼种入池(网箱)前严格消毒;③保持水质清新,饲料新鲜、适口、充足;④定期使用微生物制剂改善水质;⑤及时捞出病鱼、死鱼,并进行无害化处理。

1. 小瓜虫病

流行季节:主要流行于初春和秋末,水温为15~25℃时易发生。

主要症状:体表、鳍条或鳃部布满白色小点或点状囊泡,鳃丝充血,体表黏液增多。

防治方法:①放养前,用生石灰彻底清塘;适当肥水,并降低养殖密度。②发病时,每亩水面每米水深用辣椒粉210克、生姜干片100克煎成25千克溶液,全池泼洒,每天1次,连用2天;用1‰~2‰食盐水浸泡5~10分钟。

2. 锚头鳋病

流行季节:水温高于12℃。

主要症状:肉眼可见虫体头部钻入鱼体肌肉组织,引起慢性增生性炎症,伤口处出现溃疡。

防治方法:①用生石灰彻底清塘杀死锚头鳋幼虫。②每立方米水体用0.2~0.5克晶体敌百虫,全池泼洒,或用0.001 25%~0.002%浓度的高锰酸钾溶液浸泡1小时。

3. 水霉病

流行季节：早春、冬季水温低于 20 ℃。

主要症状：鱼体伤处布有白色棉毛状菌丝，寄生部位充血。

防治方法：①生石灰彻底清塘，避免鱼体损伤。②鱼体受伤时可用 0.04% 食盐和 0.04% 小苏打合剂全池泼洒；发病时，每亩水面每米水深用 200 克美婷（上海海洋大学研制）全池泼洒，每天 1 次，使用 1～3 天。

4. 车轮虫病

流行季节：春、夏和初冬，多发于鱼种阶段。

主要症状：病原体寄生于鳃部和体表，患病后，寄生处黏液增多。鱼体发黑、消瘦，呼吸困难，游动缓慢。

防治方法：①用生石灰彻底清塘消毒；鱼种放养前，用 3%～5% 食盐水浸泡 5～10 分钟。②用 0.7 毫克/升硫酸铜、硫酸亚铁合剂（5∶2）全池泼洒；使用市售杀灭车轮虫专用药物，如车轮净等。

四、育种和种苗供应单位

（一）育种单位

浙江省淡水水产研究所

地址和邮编：浙江省湖州市吴兴区杭长桥南路 999 号，313001

联系人：顾志敏

电话：0572-2043911

E-mail：guzhimin2006@163.com

（二）种苗供应单位

湖州浙北水产新品种繁育技术开发有限公司

地址和邮编：浙江省湖州市吴兴区八里店镇叶家漾，313017

联系人：刘士力

电话：0572-2177223

五、编写人员名单

顾志敏，贾永义，刘士力，蒋文枰，迟美丽，程顺，郑建波，李飞，李倩